"十四五"职业教育国家规划教材

U0217718

常用工具软件

马永芳 李 飞 主 编

电子工业出版社

Publishing House of Electronics Industry

北京·BEIJING

内 容 简 介

本书根据教育部颁发的《中等职业学校专业教学标准（试行）信息技术类（第一辑）》中的相关教学内容和要求编写。本书的编写从满足经济发展对高素质劳动者和技能型人才的需求出发，在课程结构、教学内容、教学方法等方面进行了新的探索与改革创新，以利于学生更好地掌握本课程的内容，利于学生理论知识的掌握和实际操作技能的提高。

本书共 12 个模块。模块 1 为常用工具软件概述，模块 2 为计算机系统管理与日常维护，模块 3 为磁盘管理与光盘应用，模块 4 为文档编辑与翻译，模块 5 为网络管理与数据传输，模块 6 即时通信，模块 7 为云办公，模块 8 为数码产品及移动设备连接和数据传输，模块 9 为图形图像信息处理，模块 10 为视频信息处理，模块 11 为音频信息处理，模块 12 为网络生活工具。

本书是计算机平面设计专业的专业核心课程教材，也可作为各类计算机平面设计培训班的教材，还可以供计算机平面设计人员参考学习。本书配有教学指南、电子教案和案例素材，详见前言。

未经许可，不得以任何方式复制或抄袭本书之部分或全部内容。
版权所有，侵权必究。

图书在版编目（CIP）数据

常用工具软件 / 马永芳，李飞主编. —北京：电子工业出版社，2018.11

ISBN 978-7-121-24837-5

Ⅰ. ①常⋯ Ⅱ. ①马⋯ ②李⋯ Ⅲ. ①软件工具—中等专业学校—教材 Ⅳ. ①TP311.56

中国版本图书馆 CIP 数据核字（2014）第 274772 号

策划编辑：杨　波
责任编辑：裴　杰
印　　刷：北京虎彩文化传播有限公司
装　　订：北京虎彩文化传播有限公司
出版发行：电子工业出版社
　　　　　北京市海淀区万寿路 173 信箱　邮编　100036
开　　本：787×1 092　1/16　印张：15.5　字数：396.8 千字
版　　次：2018 年 11 月第 1 版
印　　次：2024 年 12 月第 14 次印刷
定　　价：36.00 元

凡所购买电子工业出版社图书有缺损问题，请向购买书店调换。若书店售缺，请与本社发行部联系，联系及邮购电话：（010）88254888，88258888。

质量投诉请发邮件至 zlts@phei.com.cn，盗版侵权举报请发邮件至 dbqq@phei.com.cn。

本书咨询联系方式：（010）88254584，yangbo@phei.com.cn。

前言 | PREFACE

本书以党的二十大精神为统领，全面贯彻党的教育方针，落实立德树人根本任务，践行社会主义核心价值观，铸魂育人，坚定理想信念，坚定"四个自信"，为中国式现代化全面推进中华民族伟大复兴而培育技能型人才。

为建立、健全教育质量保障体系，提高职业教育质量，教育部于 2014 年颁布了《中等职业学校专业教学标准》（以下简称《专业教学标准》）。《专业教学标准》是指导和管理中等职业学校教学工作的主要依据，是保证教育教学质量和人才培养规格的纲领性教学文件。在"教育部办公厅关于公布首批《中等职业学校专业教学标准（试行）》目录的通知"（教职成厅[2014]11号文）中，强调"专业教学标准是开展专业教学的基本文件，是明确培养目标和规格、组织实施教学、规范教学管理、加强专业建设、开发教材和学习资源的基本依据，是评估教育教学质量的主要标尺，同时也是社会用人单位选用中等职业学校毕业生的重要参考"。

本书特色

本书根据教育部颁发的《中等职业学校专业教学标准（试行）信息技术类（第一辑）》中的相关教学内容和要求编写而成。

本书从初学者的角度出发，以岗位需求为宗旨，选用最为实用的常用软件，全面系统地介绍了软件的常用使用方法以及在使用过程中所涉及的基本知识。在软件的选取上，除尽可能全面地覆盖日常生活中常见的工具软件之外，还对数字媒体专业上的常用软件进行了适当的侧重。

本书具体内容如下。

模块 1：常用工具软件概述，介绍常用工具软件的获取、安装、卸载。

模块 2：计算机系统管理与日常维护，介绍计算机系统日常使用和维护的基本工具，包括 360 安全卫士、驱动精灵，以及 Ghost 还原软件。

模块 3：磁盘管理与光盘应用，介绍硬盘分区工具以及光盘刻录工具的使用方法。

模块 4：文档编辑与翻译，介绍 PDF 阅读软件，文件及文件夹加密方法，数据恢复，以及电子翻译软件的使用方法。

模块 5：网络管理与数据传输，介绍浏览器的使用，电子邮件发送和管理软件的使用，以及多媒体下载软件的使用方法。

模块 6：即时通信，介绍 QQ、微信、微博等即时通信软件在日常生活中的应用。

模块 7：云办公，介绍云编辑、云存储方面的基础知识和基本操作方法。

模块 8：数码产品及移动设备连接和数据传输，介绍手机、打印机、扫描仪等移动设备的管理及其辅助软件的使用方法。

模块 9：图形图像信息处理，介绍图形图像的浏览、管理、操作、集成等软件使用方法，并包含二维动画、3D 文字制作软件的使用方法。

模块 10：视频信息处理，介绍视频的浏览、录制、编辑等常用工具软件的使用方法。

模块 11：音频信息处理，介绍音频文件的收听、下载、编辑等基本方法。

模块 12：网络生活工具，介绍网上购物、网上订票、网上银行、网上道路查询等常用网络工具软件的使用方法。

本书主要具有如下五大特点：

（1）图形化语言，易于学习。本书文风朴实，专业术语规范，实用性强；在任务讲解中采用图形化语言标识完整操作步骤，使读者一目了然，方便理解和学习。

（2）模块化教学，结构合理。本书采用循序渐进的方式，由浅入深地介绍了软件的各种实用功能。全书使用模块化教学模式，共分为 12 个模块，每个模块内设置"模块目标"、若干"任务"、"模块考核评价表"。每个任务中又设有"任务目标"、"任务描述"、"任务完成过程"、"知识拓展"、"思考与练习"、"学习效果评价"环节，将知识内容合理有序地呈现给读者。

（3）内容精要，层次清晰。本书采用列表式目录，在其中添加知识要点提示、软件内容和技能点，便于读者快速查询。本书既是一本实用教材，也是一本工具速查手册。

（4）以点带面，内容丰富。在若干同类功能软件中，本书本着实用优先的原则选取了 38 个常用工具软件进行重点讲解，并在"知识拓展"环节补充说明了其他同类功能的软件，力求使读者充分全面了解同类软件的功能和应用。

（5）立足岗位，关注前沿。本书从工作岗位实际需求出发，讲解工作中急需的工具软件的使用方法。同时，本书引入了移动互联网时代比较流行和实用的常用工具软件，加入了即时通讯（微博、微信），云办公（云存储、云编辑），网络化生活（网上购物、网上银行），移动设备连接（手机助手）和数据传输等常用工具软件，在关注前沿的同时，切实有效地解决生活中的实际问题。

本书作者

本书由马永芳、李飞担任主编并统稿，参与编写的作者有，大连市计算机中等职业技术专业学校王红、王向辉、王振彬、许晓璐、温丹，大连市职业教育培训中心的王健主任审阅了本书的初稿，并给予本书许多宝贵的意见和建议，在此表示感谢。

编者

CONTENTS | 目录

常用工具软件概述

知识目标

➤ 通过本模块的学习，了解常用工具软件的基础知识；
➤ 通过在本模块的学习，了解常用工具软件的概念、分类和获取方法等。

能力目标

➤ 掌握获取常用工具软件的方法；
➤ 掌握常用工具软件的安装和卸载方法。

任务　常用工具软件简介

知识目标

1）通过本任务的学习，了解常用工具软件的基础知识；
2）通过本任务的学习，了解常用工具软件的概念和分类。

能力目标

1）掌握获取常用工具软件的一般方法；
2）掌握常用工具软件的安装和卸载方法。

任务描述

在系统地学习使用常用工具软件的方法之前，必须先对常用工具软件的基本情况有大致的了解。随着网络技术的发展与普及，常用工具软件的种类越来越多，用户可以根据需求，自行

选择、准备应用的工具软件。

　　本任务将介绍常用工具软件的概念、分类，常用工具软件版本方面的基础知识，获取工具软件的途径，以及常用工具软件的安装和卸载方法。

 任务完成过程

　　常用工具软件是指在日常生活中，用户经常要运用的计算机工具软件，是用户可以使用的各种程序设计语言，以及用各种程序设计编制的应用程序的集合，应用软件是为满足用户不同领域，不同问题的应用需求而设计的。它可以拓宽计算机系统的应用领域，放大硬件的功能。

　　1. 获取

　　获取工具软件有三种主要途径。用户可以自行选择，从而获得自己需求，获得软件安装文件。在这里出于对知识产权的尊重，作者建议读者从正规渠道获取正版软件，维护软件市场的正常秩序。

　　（1）购买安装光盘

　　软件公司一般在发售某种软件时，会将该软件置入光盘中进行发售，用户通过购买安装光盘，可以运用光驱等设备将光盘中的软件安装到计算机中。购买正版安装光盘的用户，一般可以获得良好的售后服务与软件升级服务。

　　（2）从官方网站下载

　　如果软件开发公司拥有自己的官方网站，一般情况下，在发布某一款软件产品时，会在官方网站提供软件下载服务。用户可以在其官方网站下载该软件，然后根据软件提供的协议对下载的软件进行有偿或无偿使用，图1-1所示为腾讯官网提供的QQ免费安装软件。

图1-1　腾讯官网提供的免费安装软件

　　（3）从下载站点下载

　　随着网络技术的不断发展，用户不仅可以在官方网站下载软件，也可以登录到专业的工具软件网站进行软件下载。国内专业的工具软件网站，如多特网、太平洋下载中心等提供了便捷的软件下载服务。同时根据软件的性能和用途，网站还会将功能相似的软件进行分类整理，方便用户根据需要进行选择性下载，如图1-2所示。

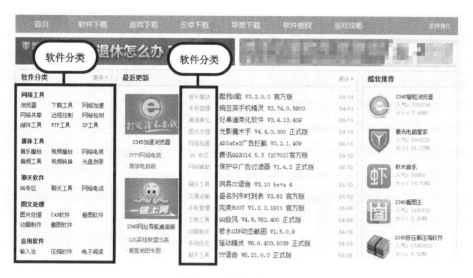

图 1-2　专业工具网站

在工具软件网站下载软件时，首先，注意该网站的安全性，谨防一些钓鱼网站提供的木马信息使用户计算机中毒；其次，在选择下载的超链接时，应注意该链接是否为该软件真正的下载链接，谨防下载一些不良网站提供的木马病毒。

2. 安装

使用常用工具软件之前，用户先要将常用工具软件安装到计算机中。下面以安装"暴风影音 5"为例，介绍安装常用工具软件的操作方法。

1）打开"暴风影音 5"安装文件所在的磁盘位置，双击"暴风影音 2014"安装文件，如图 1-3 所示。

2）在弹出的欢迎界面中单击"开始安装"按钮，如图 1-4 所示。

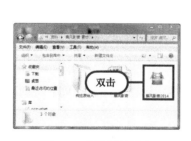

图 1-3　安装暴风影音

图 1-4　欢迎界面

3）进入选项界面，单击"浏览"按钮，在弹出的"浏览文件夹"对话框的选择安装目录区域中选择安装路径，单击"确定"按钮，返回选项界面，单击"下一步"按钮。操作过程如图 1-5 所示。

4）进入选择附带软件界面，用户一定要认真查看，对于不需要的软件一定不要勾选，这里我们不安装任何软件，将默认的复选框全部取消勾选，然后单击"下一步"按钮，如图 1-6 所示。

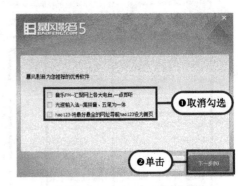

图 1-5　选项界面　　　　　　　　　　　　图 1-6　附加软件选择界面

5）"暴风影音 5"软件进入安装阶段，如图 1-7 所示。

6）进入"暴风影音 5"安装已完成界面，单击"立即体验"按钮，"暴风影音 5"软件安装完成并可以打开观看影片，如图 1-8 所示。

图 1-7　安装阶段　　　　　　　　　　　　图 1-8　安装完成

3. 卸载

当以后不再使用某种工具软件时，用户可以将其卸载，以节省磁盘空间。下面以卸载"暴风影音 5"为例，介绍卸载工具软件的操作方法。

1）在 Windows 7 操作系统中，单击"开始"按钮，在弹出的菜单中，选择"所有程序"选项，如图 1-9 所示。

2）在程序列表框中，选择"暴风软件"选项，在展开的下拉列表中，选择"卸载暴风影音 5"选项，如图 1-10 所示。

3）在弹出的暴风影音卸载对话框中选中"直接卸载"单选按钮，然后单击"下一步"按钮，如图 1-11 所示。

4）卸载成功后，会弹出卸载完成对话框，单击"完成"按钮，如图 1-12 所示。

图 1-9　"开始"程序列表

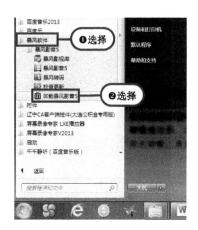

图 1-10　展开列表

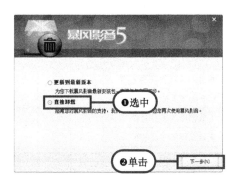

图 1-11　卸载软件

图 1-12　卸载完成

通过以上方法即可卸载类似的工具软件。但每一款软件又有其不同之处，请读者根据具体情况，做适当的判断。

 知识拓展

1. 分类

为方便用户对常用工具软件进行选择，常用工具软件一般可按获得、用途和性质等方式进行分类。按获得方式可分为免费软件、共享软件和商业软件等；按用途可分为即时通信、系统工具、网络软件、图像处理、多媒体类、编程开发、教育教学、安全设置和网络生活等；按性质可分为装机软件、必备软件等。

2. 版本

根据软件版本来分类，同一工具软件可以有测试版、演示版和正式版等。测试版工具软件主要用于测试使用；演示版软件一般只用于方便用户体验产品的主要功能，起到宣传产品的作用；正式版软件指软件公司正式推出的软件。

此外，还有其他版本的软件。

发行版：其软件本身不是正式版，但在指定时间内，其软件提供正常服务。

最终版：一般指不再更新的软件版本，通常此版本的产品相对完整、不易出错。

零售版：一般指针对个人功能不是很全的版本，价格比较低，升级时间也有限制。

企业版：只针对企业发布的全功能版本，价格比较昂贵，服务非常齐全。

迷你版：也称为精简版，一般只提供基本功能。

豪华版：价格比较昂贵、附属功能较多的一种版本。

  思考与练习

上网下载"迅雷"软件，并进行安装和卸载。

模块学习效果评价表

学习效果评价表						
内　容			评 定 等 级			
学 习 目 标	评 价 项 目		A	B	C	D
了解常用工具软件的一般知识	了解常用工具软件的分类					
	了解常用工具软件的版本					
能熟练掌握常用工具软件的一般操作方法	能下载常用的工具软件					
	能安装常用的工具软件					
	能卸载常用的工具软件					
职业能力	交流表达能力					
通用能力	与人合作能力					
	沟通能力					
	组织能力					
	活动能力					
	解决问题的能力					
	自我提高的能力					
	革新、创新的能力					
综合评价						

模块 2

计算机系统管理与日常维护

知识目标

➢ 通过本模块的学习，了解计算机系统的相关概念，学会计算机日常维护的方法和技巧；

➢ 通过本模块的学习，掌握多种提升计算机运行速度的一般方法和技巧；

➢ 掌握在计算机上网使用过程中，日常维护的安全方案。

能力目标

➢ 学会对计算机的日常清理与维护；

➢ 掌握木马查杀的一般方法；

➢ 掌握计算机硬件驱动的安装和升级；

➢ 学会计算机操作系统的还原与备份。

任务 2-1 计算机安全保障——360 安全卫士

知识目标

1）通过本任务的学习，了解 360 安全卫士的特点和优越性，了解插件和 Cookies 的概念和作用；

2）掌握利用 360 安全卫士进行木马查杀、系统修复和计算机清理的基本方法和技巧。

能力目标

1）通过本任务的学习，具备木马查杀的操作能力；

2）学会常规修复和漏洞修复的一般方法；

常用工具软件

3）能够自己对计算机垃圾进行清理。

 任务描述

计算机是现代家庭中的一个必备工具，我们习惯将自己生活中经常使用到的信息，甚至工作中最为机密的信息存放在其中。人们只注重计算机的使用性，往往忽略了安全性。尤其在互联网如此发达的今天，如何保证计算机运行的流畅，如何保障计算机连接互联网过程中的安全性，这些问题360安全卫士可以帮助我们轻松解决。

360安全卫士是一款国产的功能比较强，效果比较好的上网必备安全软件，用于保证计算机安全和健康的应用软件，它有强大的查毒、杀毒能力，操作系统修复能力，计算机垃圾清理能力，上网安全保障能力。

360安全卫士能提供给用户一个安全而顺畅的计算机环境，加之它完全免费，体验感强，因此深受用户喜爱，经官方统计，全国使用360安全卫士的人数已达到4亿。和同类产品相比，其查杀技术更为准确，系统漏洞的弥补更为全面，计算机清理更为合理。

 任务完成过程

360安全卫士是一款较为成熟的软件，其中所包含的功能多种多样。这里只强调360安全卫士对于计算机顺畅运行的辅助作用，以及互联网使用安全的两大方面。

1. 软件启动

启动"360安全卫士"，进入操作界面，弹出360安全卫士主窗口。主窗口包括电脑体验、木马查杀、系统修复、电脑清理、优化加速、电脑救援、手机助手、软件管家等不同选项，用户可根据自己的需要，进行选择和操作，如图2-1所示。

图2-1 "360安全卫士"的主界面

2. 木马查杀

1）单击"木马查杀"按钮，功能显示区域会出现三个选项：快速扫描、全面扫描和自定义扫描。

2）用户可以根据自己的需求，单击任意一个功能按钮，如图 2-2 所示。

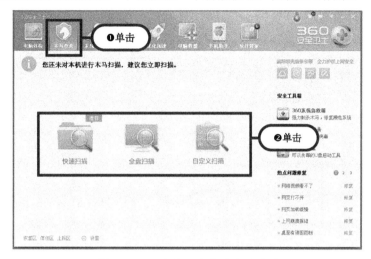

图 2-2　360 安全卫士木马查杀界面

3）本书以快速扫描为例进行说明。单击"快速扫描"按钮，程序进入快速扫描状态，功能栏下方显示快速扫描进度，如图 2-3 所示。

图 2-3　木马快速扫描进度

4）扫描结束后，软件会显示已经查出的木马信息，对需要处理的木马文件进行勾选，然后单击"立即处理"按钮，如图 2-4 所示。

5）处理完毕后，系统会自动弹出处理成功对话框，并询问是否重启计算机，用户可以根据自己的情况，选择立即重启或者稍后自行重启，如图 2-5 所示。至此系统木马查杀结束。

图 2-4　快速扫描结果

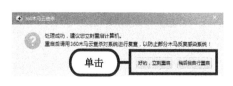

图 2-5　处理成功对话框

3. 常规修复

1）单击"系统修复"按钮，功能显示区域会出现两个选项：常规修复和漏洞修复，如图 2-6 所示。单击"常规修复"按钮，系统可以进入常规修复界面。

图 2-6　360 安全卫士系统修复界面

2）常规修复是针对计算机中的恶意文件、系统提示、软件服务相关问题进行修复的。修复的过程中可根据用户需求，勾选 360 安全卫士所提供的修复复选框，然后单击"立即修复"按钮，如图 2-7 所示。

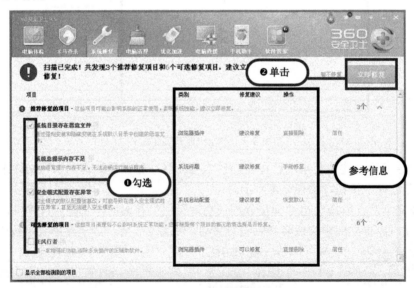

图 2-7　常规修复结果显示

4. 漏洞修复

1）单击"系统修复"按钮，再单击"漏洞修复"按钮，如图 2-8 所示。

2）漏洞修复是针对计算机所使用的操作系统以及相关软件所产生的漏洞进行的安全性修补。用户可根据实际情况，对 360 安全卫士所提供的修补补丁进行可选择性的修复，然后单击"立即修复"按钮，系统开始漏洞修复，如图 2-9 所示。

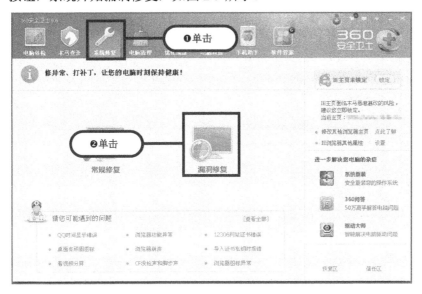

图 2-8　漏洞修复

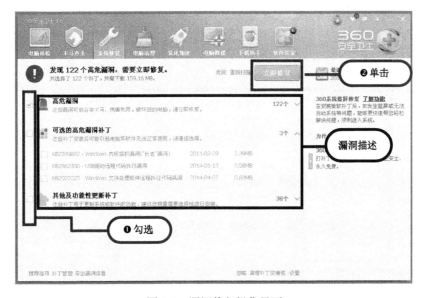

图 2-9　漏洞修复操作界面

5．优化加速

单击"优化加速"按钮，360 安全卫士会自动对计算机硬盘中的所有数据进行快速扫描，得出优化结果。用户根据优化加速列举出来的要求，以及用户自己的需求，选择计算机合适的优化方案，如图 2-10 所示。

图 2-10　360 安全卫士优化加速界面

6.　电脑清理

　　单击"电脑清理"按钮，360 安全卫士会自动为用户的计算机硬盘进行完整快速的扫描，得出需要清理的数据的参考选项，用户根据自己的需求选择需要清理的项目，然后单击"一键清理"按钮开始清理计算机中的垃圾文件，如图 2-11 所示。

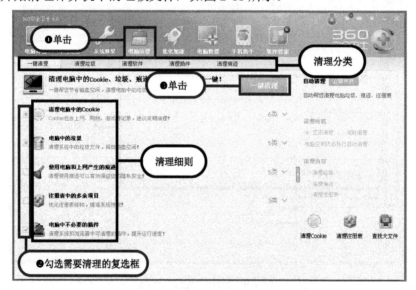

图 2-11　360 安全卫士电脑清理操作界面

　　至此，360 安全卫士对计算机的日常维护，上网的安全保障所涉及的基本操作和方法，都已经向大家一一列举。其中还有没介绍到的功能，希望大家通过日常生活中对 360 安全卫士的慢慢摸索进行了解，这里不再赘述。

知识拓展

1. 插件

计算机系统中某些程序需要一些插件的支持，插件是一种遵循一定规范的应用程序接口编写出来的程序。这些插件类别繁多，很多软件都有插件，插件也有无数种。例如，在 IE 中，安装相关的插件后，Web 浏览器能够直接调用插件程序，用于处理特定类型的文件，它们有的附着在浏览器上起辅助作用，有的是一些软件功能的扩展部件。

所以正规的插件可以帮助我们，使我们方便地使用软件功能，但恶意的插件会妨碍使用，但能为插件传播者提供利益，大多数恶意软件甚至会对计算机进行攻击，这些恶意插件会下载病毒，对计算机系统进行破坏、控制等。360 安全卫士中的常规修复功能，可以准确而快捷地清理这些恶意的插件。

2. Cookies

Cookies 就是服务器暂时存放在用户计算机里的资料（TXT 格式的文本文件），使服务器可辨认用户的计算机。当用户在浏览网站的时候，Web 服务器会先传送一个小资料放在用户的计算机上，Cookies 会帮用户把网站上的文字或一些选择记录下来。当下次用户再访问同一个网站时，Web 服务器会先查看有没有该用户上次留下的 Cookies 资料，若有则会依据 Cookie 中的内容来判断使用者，传送特定的网页内容给该用户。Cookies 也存在用户信息泄露的问题，在多台计算机中使用自己的用户登录信息时，注意彻底清除计算机中留有的 Cookies 文件，确保个人信息不被网络窃取。

3. 国产杀毒软件

目前国产杀毒软件技术已经非常成熟，360 安全卫士是目前功能比较强、用户群体比较庞大的杀毒软件，除此之外还有瑞星、江民、金山等老牌杀毒软件品牌，近几年火绒杀毒软件也逐步被用户认可和广泛使用。

思考与练习

1. 使用 360 安全卫士的木马扫描功能，对自己的 USB 闪存盘进行一次查毒、杀毒操作。
2. 使用 360 安全卫士的漏洞修复功能，为计算机中 Office 办公软件修复漏洞。
3. 使用 360 安全卫士的电脑清理功能，对自己的计算机硬盘所存放的所有垃圾进行处理。

任务 2-2　管理硬件驱动——驱动精灵

知识目标

1）通过本任务的学习，认识驱动程序对计算机硬件的必要性；
2）掌握计算机硬件驱动的安装方法，并能对计算机硬件的驱动程序进行备份和还原。

 能力目标

1）具备对计算机硬件进行驱动程序安装的能力；
2）掌握计算机硬件驱动程序的备份和还原。

 任务描述

计算机在平日使用过程中，会有没有声音、无法联网、显示效果差的时候，这些问题大多来源于计算机硬件的驱动程序，或者驱动程序与硬件不兼容，需要对计算机硬件驱动程序进行更新。刚安装完操作系统的计算机，没有声音，连接不到网络，显示效果差，其根本原因也是计算机硬件没有安装驱动程序。

驱动精灵是一款针对计算机硬件驱动程序的专业工具。通过使用驱动精灵，可以轻松准确地对计算机硬件驱动程序进行安装与升级，并能对已经安装好的驱动程序进行备份，如果已经有备份，则可以直接使用此软件进行驱动程序的还原。

 任务完成过程

针对计算机硬件驱动的安装、升级、备份和还原四个重要部分，本任务将对其进行详细描述和讲解。

1. 驱动程序安装与升级

1）打开驱动精灵，进入驱动精灵主界面，然后单击"驱动程序"按钮，如图 2-12 所示。

图 2-12　单击"驱动程序"按钮

2）进入驱动程序界面，软件会自动开始进行扫描，最后找到所需要安装的驱动程序或者需要升级的驱动程序。用户根据自己的情况，选择需要安装的驱动程序，然后单击"安装"按钮，进行驱动程序的安装或者升级，如图 2-13 所示。

图 2-13　驱动程序安装与升级操作界面

2. 驱动程序的备份

（1）备份准备工作

在进行硬件驱动程序备份之前，首先要设置备份的路径和备份的格式，单击"驱动程序"选项卡中的"路径设置"按钮，在弹出的"设置"对话框中，设置具体路径和格式，然后单击"确定"按钮，如图 2-14 所示。

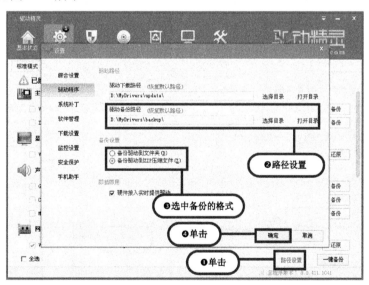

图 2-14　备份路径的设置和备份格式的修改

（2）备份过程

单击"驱动程序"按钮，再选择"备份还原"选项卡，驱动精灵会自动扫描所有的驱动程序，然后列举出本计算机上涉及的所有计算机硬件的驱动。用户根据自己的需求和软件所列举的驱动程序，进行合理选择，然后单击驱动程序后面的"备份"按钮，驱动程序备份成功，如

图 2-15 所示。

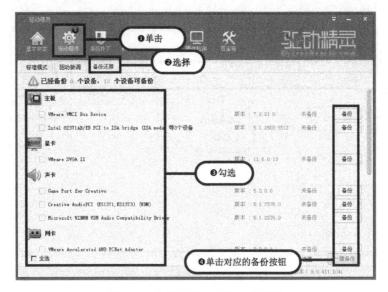

图 2-15　备份硬件驱动程序的界面

3. 驱动程序的还原

在驱动精灵已经备份过计算机硬件驱动程序的基础上，可以对已经备份过的驱动进行还原。单击"驱动程序"按钮，再选择"备份还原"选项卡，驱动精灵会自动扫描所有的驱动程序，然后列举出本计算机上所有计算机硬件的驱动。已经进行过备份的驱动程序后会显示"还原"按钮，用户可以选择需要还原的驱动程序，然后单击"还原"按钮，驱动程序即可还原。此处以还原显卡驱动为例，如图 2-16 所示。

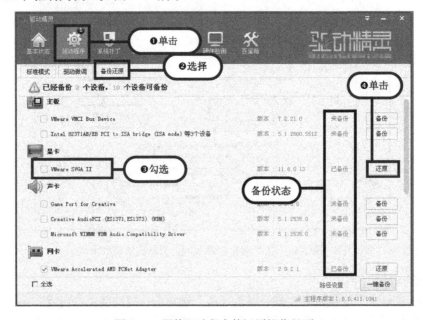

图 2-16　硬件驱动程序的还原操作界面

知识拓展

1. 驱动程序

驱动程序英文名为 "Device Driver"，全称为 "设备驱动程序"，是一种可以使计算机和设备通信的特殊程序，相当于硬件的接口，操作系统只有通过这个接口，才能控制硬件设备的工作，假如某设备的驱动程序未能正确安装，便不能正常工作。因此，驱动程序被誉为 "硬件的灵魂"。大多数情况下，我们并不需要安装所有硬件设备的驱动程序，如硬盘、显示器、光驱、键盘、鼠标等不需要安装驱动程序，而显卡、声卡、扫描仪、摄像头、Modem 等需要安装驱动程序。因为，CPU 和内存这类硬件对于一台计算机来说是必需的，所以设计人员将这些硬件列为 BIOS 能够直接支持的硬件，可以说 BIOS 也是一种驱动程序。

2. 360 驱动大师

360 驱动大师是一款专业解决驱动安装更新的软件，有着百万级的驱动库支持，驱动安装一键化，无须手动操作，方便用户使用。首创的驱动体检技术，让用户更直观地了解计算机的状态，强大的 "云安全中心" 保证所下载的驱动不带病毒。同驱动精灵一样，它受到很多计算机使用者的青睐。

 思考与练习

1. 使用驱动精灵对计算机陈旧的驱动程序进行升级。

2. 使用驱动精灵对计算机中已存在的全部驱动程序进行备份，再对已备份的驱动程序进行还原。

任务 2-3　系统备份和还原——Ghost

知识目标

1）通过本任务的学习，了解 GHO 格式的特点及应用；

2）掌握使用 Ghost 软件对操作系统进行备份和还原的方式和方法。

能力目标

1）通过本任务的学习，具备使用 Ghost 软件对操作系统进行备份的基本能力，从而实现对计算机的日常维护；

2）掌握 Ghost 软件的还原功能，对已备份过的操作系统进行快速还原。

 任务描述

在日常使用过程中，计算机经常受到各种病毒的侵扰，导致计算机中的数据很容易遭到破坏，尤其是对操作系统文件的损坏，会让用户无法打开计算机，如果重装操作系统，必然致使很多文件丢失。为了防止出现这种问题，就要对自己的操作系统进行适当时间的备份。备份之

后，当计算机真的遇到故障想恢复到初期正常的环境时，就需要对已备份的系统文件进行快速的还原，使计算机在第一时间恢复正常，供用户使用。

Ghost 软件正好可以提供这样的服务。Ghost 软件提供了一个对操作系统进行备份和还原的平台。它能快速地对操作系统进行备份，将系统文件压缩成一个扩展名为.gho 的文件，这种文件看上去是一个单一文件，只有 Ghost 软件才能对它进行操作，能很好地保证备份文件的安全，不被病毒感染。同时，Ghost 软件也提供了更为简单快捷的方法，可使用已经备份好的 GHO 文件对操作系统进行还原操作。

 任务完成过程

本任务将重点介绍使用 Ghost 软件对系统进行备份和还原。

1. 启动 Ghost

因为 Ghost 软件针对的是操作系统的备份和还原，所以启动 Ghost 必须基于脱离的操作系统，如使用一个启动光盘，然后启动 Ghost 软件。

1）使用启动光盘，选择启动 Ghost，如图 2-17 所示。

2）进入 Ghost 软件主界面，如图 2-18 所示。

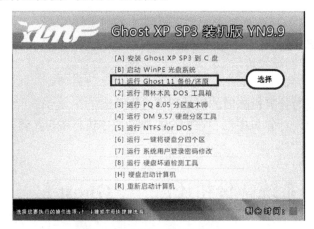

图 2-17　启动光盘操作主界面

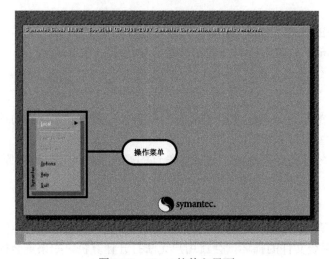

图 2-18　Ghost 软件主界面

2. 系统备份

1）选择"Local"→"Partition"→"To Image"选项，如图 2-19 所示。

2）显示所要备份的操作系统盘符的信息，单击"OK"按钮，如图 2-20 所示。

3）选择要备份的含有操作系统的分区，通常情况下为 C 盘，单击"OK"按钮，如图 2-21 所示。

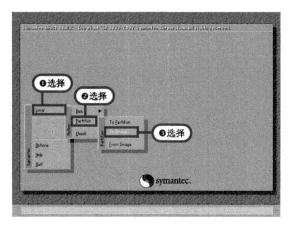

图 2-19　Ghost 软件选择系统备份界面

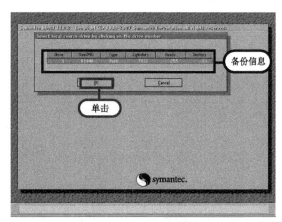

图 2-20　Ghost 软件备份信息确认界面

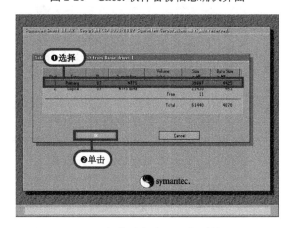

图 2-21　Ghost 软件选择备份操作系统分区界面

4）选择备份文件存放的位置，对将要备份的文件进行命名，单击"Save"按钮，如图2-22所示。

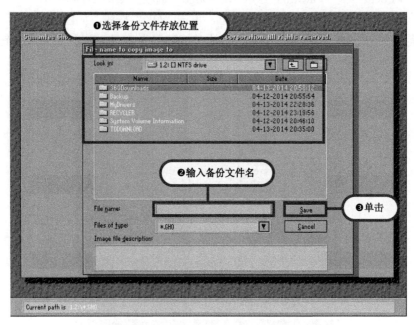

图2-22　Ghost软件备份参数设置界面

5）备份模式选择"Fast"，如图2-23所示。

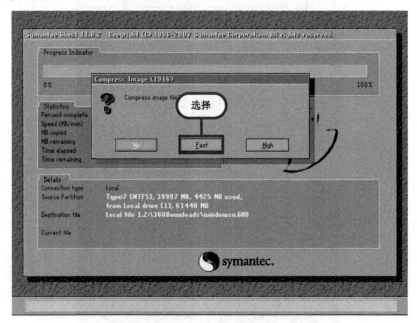

图2-23　Ghost软件备份模式选择界面

6）开始备份过程，如图2-24所示。

7）单击"Continue"按钮，重新启动计算机，备份结束，如图2-25所示。

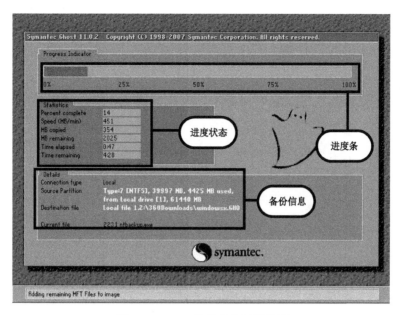

图 2-24　Ghost 软件备份过程界面

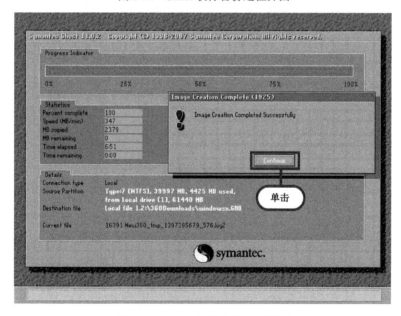

图 2-25　Ghost 软件备份结束界面

3. 系统还原

上面已经详细讲述了备份操作系统的过程，根据上面所备份的操作系统，进行系统还原操作。

1）选择"Local"→"Partition"→"From Image"选项，如图 2-26 所示。

2）找到已备份文件的位置，即将要还原的文件的位置，单击"Open"按钮，如图 2-27 所示。

3）查看需要还原的盘符的信息，单击"OK"按钮，如图 2-28 所示。

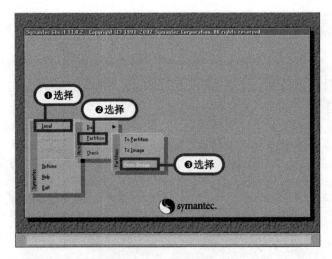

图 2-26　Ghost 软件还原界面

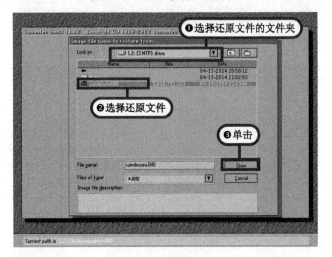

图 2-27　选择文件

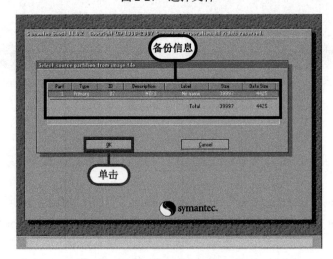

图 2-28　查看还原盘符信息

4）红色的为还原文件的来源位置，选择还原的盘符，一般情况为 C 盘，单击"OK"按钮，如图 2-29 所示。

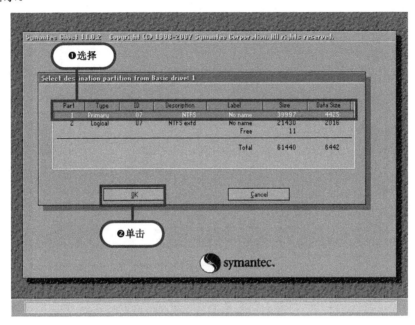

图 2-29　还原位置的选择

5）Ghost 软件询问是否覆盖，单击"Yes"按钮，进入还原状态，如图 2-30 所示。

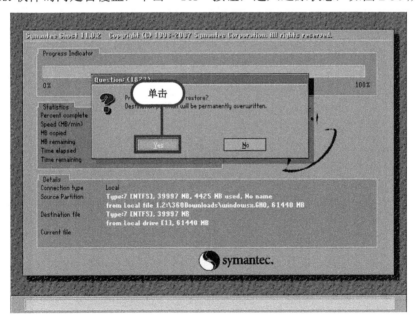

图 2-30　进行还原前的确认询问界面

6）开始还原操作系统，还原过程如图 2-31 所示。

7）还原结束，单击"Reset Computer"按钮，计算机将进行重启，如图 2-32 所示。

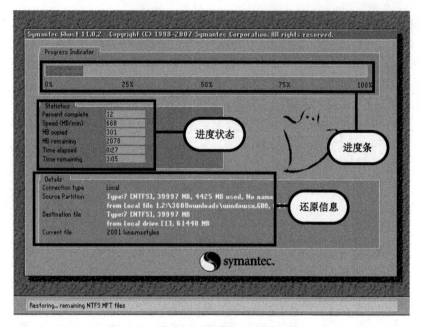

图 2-31　Ghost 软件的还原过程界面

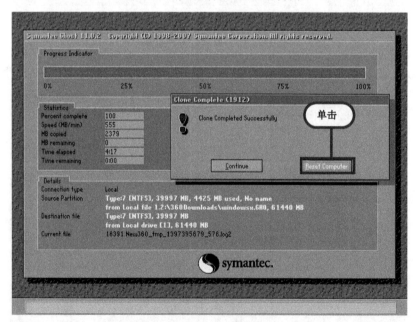

图 2-32　还原结束

 知识拓展

1．GHO

GHO 文件一般是由备份工具 Ghost 软件备份系统后产生的文件格式，如果在备份的时候选择了分卷备份，则会产生 GHS 文件。

一般的，类似于 ISO 的镜像文件下载到本地之后，就会发现其中有一个扩展名为.gho 的文件，如互联网上的雨林木风、萝卜家园、电脑城装机版等，可以把下载后的 ISO 文件通过虚拟光驱复制出来，再通过 Ghost 软件对计算机进行重装。

2. Onekey

Onekey 是专为系统备份还原设计的，其操作简便，在 Windows、Windows PE、DOS 下可对任意分区进行一键备份、恢复，支持 ISO 文件、光盘、USB 闪存盘中的 GHO 文件硬盘安装。它支持多硬盘、混合硬盘（IDE/SATA/SCSI）、混合分区（FAT16/FAT32/NTFS/exFAT）、未指派盘符分区、盘符错乱、隐藏分区以及交错存在非 Windows 分区；支持多系统，并且系统不在第一个硬盘的第一个分区；支持品牌机隐藏分区等。

3. 一键还原

一键还原是一款操作简单的系统备份和还原工具。它具有安全、快速、保密性强、压缩率高、兼容性好等特点，特别适合计算机新手和担心操作麻烦的用户使用。它支持 Windows 98/ME/2000/XP/ 2003/7/8/10 系统。

思考与练习

1．使用 Ghost 软件对计算机中的操作系统进行备份。
2．掌握 Ghost 还原功能，用已经备份的 GHO 格式的文件，进行系统还原操作。

模块学习效果评价表

学习效果评价表						
内　　容			评 定 等 级			
学 习 目 标		评 价 项 目	A	B	C	D
职业能力	能熟练使用 360 安全卫士对计算机进行日常维护	能按具体情况进行木马查杀				
		能对计算机中的文件进行常规修复				
		能对计算机操作系统进行漏洞修补				
		能对计算机开机过程进行具体优化				
	能利用驱动精灵对计算机中各个硬件驱动进行维护	能对驱动程序进行合理地安装和升级				
		能对已存在的驱动程序进行备份				
		能对已备份的驱动程序进行还原				
	熟练使用 Ghost 软件对计算机操作系统进行维护	能对操作系统进行备份				
		能对已备份的操作系统进行还原				
通用能力	交流表达能力					
	与人合作能力					
	沟通能力					
	组织能力					
	活动能力					
	解决问题的能力					
	自我提高的能力					
	革新、创新的能力					
综合评价						

模块 3

磁盘管理与光盘应用

任务 3-1 硬盘的自有分区——分区助手

知识目标

1）通过本任务的学习，了解 NTFS 和 FAT32 的相关概念；
2）掌握使用分区助手对硬盘的分区进行创建、分割、合并的方法。

能力目标

1）通过本任务的学习，学会对较大硬盘的分区进行分割的方法；
2）学会将两个原本独立的两个分区合并起来的方法；
3）能够对未使用的硬盘进行分区，创建新的分区。

任务描述

随着操作系统的不断完善，应用软件的不断升级，导致很多情况下，原本计算机硬盘的分区并不能满足目前的需求，这就需要对硬盘进行重新分区。一般分区软件对硬盘进行分区改造是一个很烦琐的过程，而且，在分区的过程中，分区中原本的数据会遭罪到破坏。

为了避免数据丢失，且能对硬盘的分区进行自由的操作，用户可以使用分区助手来实现这些需求。

 任务完成过程

分区助手是一款小巧灵活的软件，安装方便，基于 Windows 操作系统，便于操作。通过分区助手，可以对硬盘分区进行创建、分割和合并等操作。在操作过程中，不管如何改变分区结构，它都能保证数据存储的完整性和安全性。

1. 启动分区助手

启动分区助手后，进入分区助手的主界面，如图 3-1 所示。

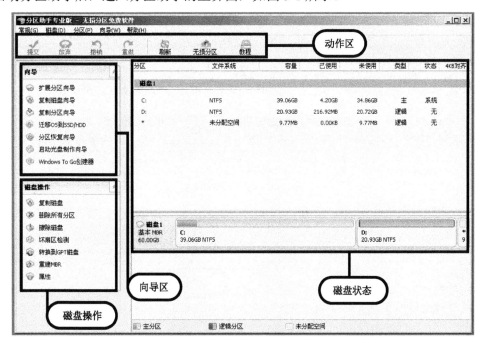

图 3-1　分区助手的主界面

2. 创建分区

1）右击未使用的分区，在弹出的快捷菜单中选择"创建分区"选项，具体操作如图 3-2 所示。

2）弹出"创建分区"对话框，用户可根据需求调整大小、盘符、文件系统格式。单击"确定"按钮形成新的分区，如图 3-3 所示。

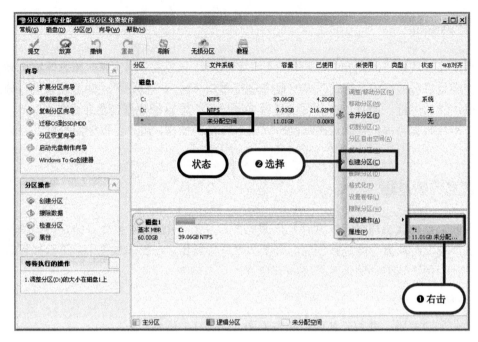

图 3-2　创建分区

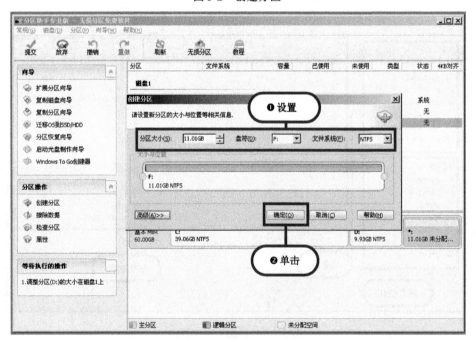

图 3-3　设置创建的分区

3. 合并分区

1）右击要合并的分区，在弹出的快捷菜单中选择"合并分区"选项，如图 3-4 所示。

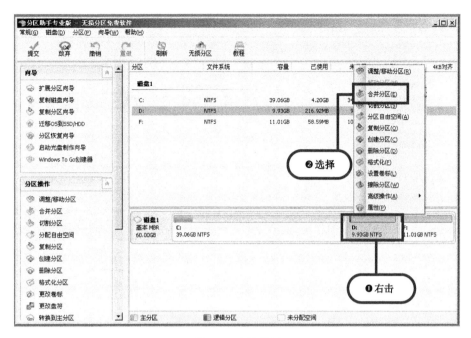

图 3-4　合并分区

2）弹出"合并分区"对话框，用户可根据自己的需求，选择所要合并的分区和合并的目标分区，然后单击"确定"按钮，进行分区的合并，如图 3-5 所示。

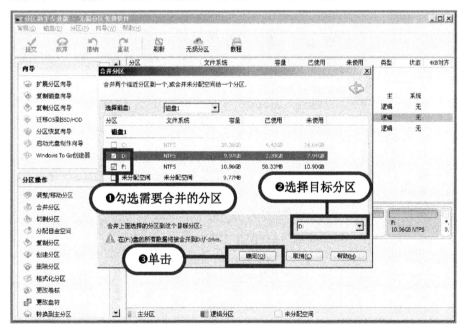

图 3-5　设置合并的分区

4. 分割分区

1）右击要被分割的分区，在弹出的快捷菜单中选择"切割分区"选项，如图 3-6 所示。

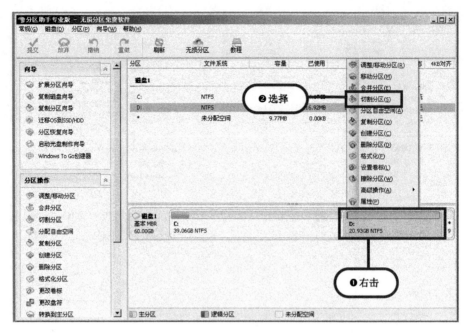

图 3-6　分割分区

2）弹出"切割分区"对话框，用户可根据自己的需求，选择所要划分的分区大小，然后单击"确定"按钮，进行分区的分割，如图 3-7 所示。

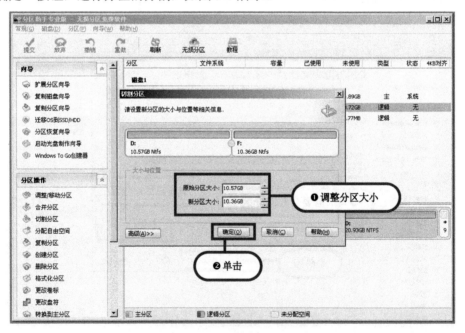

图 3-7　设置分割的分区

5. 提交操作

无论是创建分区、合并分区还是分割分区，当这些操作根据用户需求结束之后，单击"提交"按钮，分区助手才能正式对磁盘进行具体实施和操作，如图 3-8 所示。

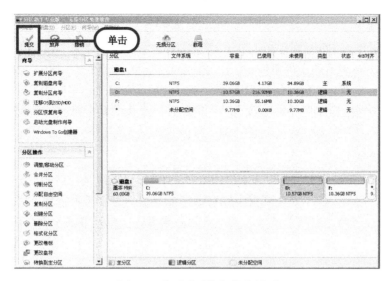

图 3-8　分区助手执行操作界面

6. 执行过程

当提交完成之后，分区助手要进入重启状态，执行提交的所有过程，执行过程根据提交的任务数量而决定所需时间的长短，如图 3-9 所示。

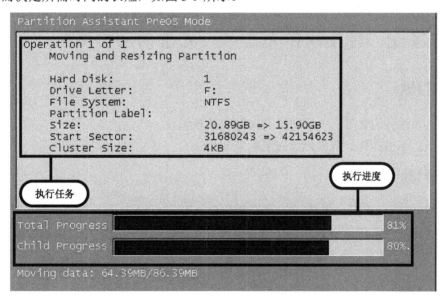

图 3-9　执行过程

 **知识拓展**

1. FAT32 格式

FAT32 是 Windows 操作系统硬盘分区格式的一种。这种格式采用 32 位的文件分配表，使其对磁盘的管理能力大大增强，突破了 FAT16 对每一个分区的容量只有 2 GB 的限制。由于现在的硬盘生产成本下降，其容量越来越大，运用 FAT32 的分区格式后，可以将一个大硬盘定义成一个分区而不必分为几个分区使用，大大方便了对磁盘的管理。

2. NTFS 格式

NTFS（New Technology File System）是 Windows NT 操作环境下和 Windows NT 高级服务器网络操作系统环境下的文件系统。

NTFS 提供长文件名、数据保护和恢复，并通过目录和文件许可实现安全性。NTFS 支持大硬盘和在多个硬盘上存储文件（称为卷）。例如，一个大公司的数据库可能必须跨越不同的硬盘。NTFS 提供内置安全性特征，它控制文件的隶属关系和访问。

3. Partition Magic

Partition Magic 是硬盘分区管理工具。Partition Magic 可以说是目前硬盘分区管理工具中最好的，其最大特点是允许在不损失硬盘中原有数据的前提下对硬盘进行重新分区、分区格式化、复制、移动、格式转换、更改硬盘分区大小、隐藏硬盘分区以及多操作系统启动设置等操作。

思考与练习

1. 使用分区助手对硬盘上的指定分区进行分割操作。
2. 使用分区助手对硬盘上指定的两个分区进行合并操作。

任务 3-2　轻松制作光盘——光盘刻录大师

知识目标

1）通过本任务的学习，了解镜像 ISO 的相关知识；
2）掌握 CD、DVD 的数据刻录的基本方法。

能力目标

1）掌握刻录 CD、DVD 数据光盘的基本操作方法；
2）能够复制光盘，刻录带有 ISO 镜像文件的光盘，从而有效地处理生活和工作中的光盘制作问题。

任务描述

计算机的数据大多存放在硬盘、USB 闪存盘或者移动硬盘上。但是很多数据为了便于携带和赠送，需要存放到光盘上。光盘的种类各式各样，根据多媒体设备的不同，所支持的光盘格式也有所不同，如刻制系统盘、软件安装盘等均基于 ISO 镜像文件的光盘刻录方法。

本任务主要讲解通过"光盘刻录大师"来刻录 CD、DVD 数据光盘，以及刻录基于 ISO 镜像文件的光盘，从而为用户的日常使用提供方便。

任务完成过程

在众多刻录软件中有的功能强大，有的灵活快捷，但"光盘刻录大师"所占资源小，操作方便，功能强大，而且免费。"光盘刻录大师"可以很好地满足生活中用户对于光盘刻录的需求。

1. 启动光盘刻录大师

安装"光盘刻录大师"后，启动软件，会进入光盘刻录大师主界面，如图 3-10 所示。

图 3-10　光盘刻录大师主界面

2. 刻录数据光盘

1）想把计算机中的数据放置到光盘中，无论是 CD 还是 DVD 都属于刻录数据光盘。在光盘刻录大师主界面下，先单击"刻录工具"按钮，然后单击"刻录数据光盘"按钮，如图 3-11 所示。

图 3-11　光盘刻录大师刻录工具界面

常用工具软件

2）进入新的界面，根据光盘的格式选择要刻录的格式，然后根据需求添加相应的目录和文件，设置完成之后，单击"下一步"按钮，如图 3-12 所示。

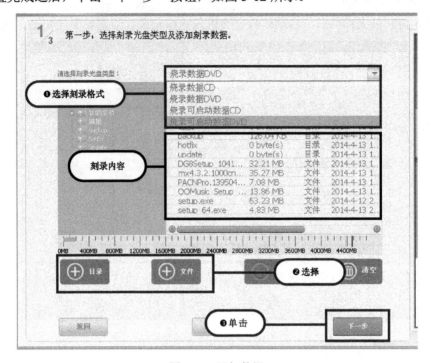

图 3-12　添加数据

3）进入刻录参数设置界面，用户最好使用软件默认的设置进行刻录，因为这是最为合理、准确和快速的设置。如果用户有需要，则可进行单独设置，然后单击"烧录"按钮，如图 3-13 所示。

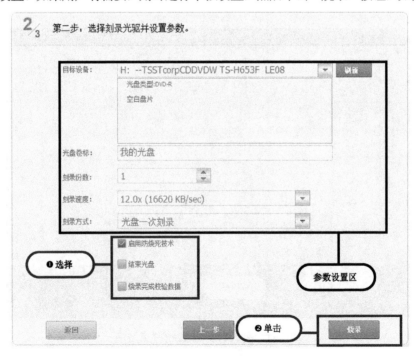

图 3-13　参数设置

4）进入刻录过程，刻录的时间由刻录数据的大小来决定，如图 3-14 所示。

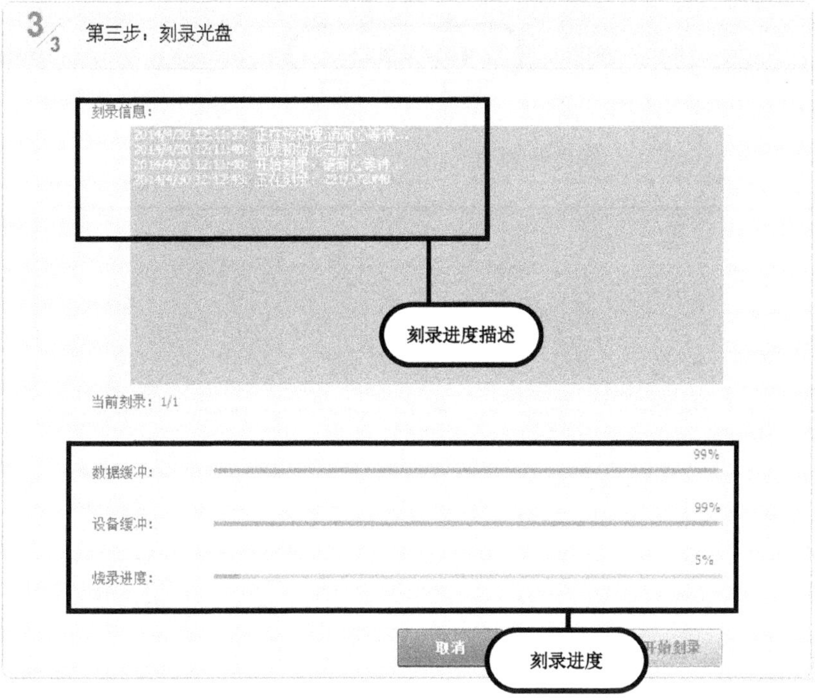

图 3-14　刻录过程

3. 刻录光盘镜像 ISO

系统安装盘、软件安装盘不同于普通数据刻录。要想刻录这样的光盘，前提条件是用户所需要刻录的光盘镜像文件格式必须是 ISO，才能刻录出用户所需要的光盘文件。

1）单击"刻录工具"按钮，再单击"刻录光盘映像"按钮，如图 3-15 所示。

图 3-15　刻录光盘映像

常用工具软件

2）在路径中找到用户所需要的镜像文件，然后单击"下一步"按钮，如图 3-16 所示。

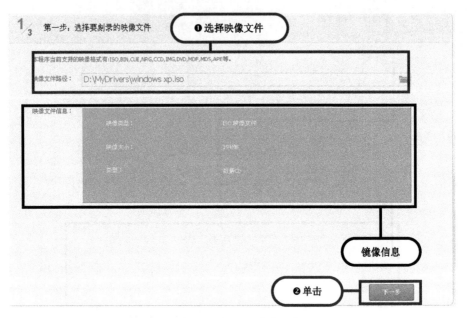

图 3-16　选择刻录镜像文件

3）用户根据要求自动设置刻录参数，然后单击"开始刻录"按钮即可，如图 3-17 所示。

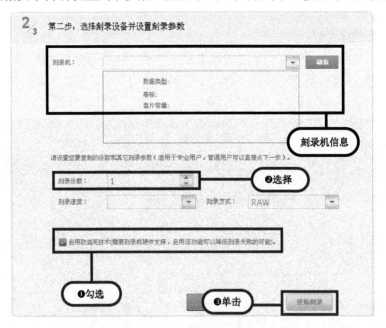

图 3-17　刻录工具参数设置

4）进入刻录过程，根据刻录的镜像文件的大小决定刻录时间的长短，如图 3-18 所示。

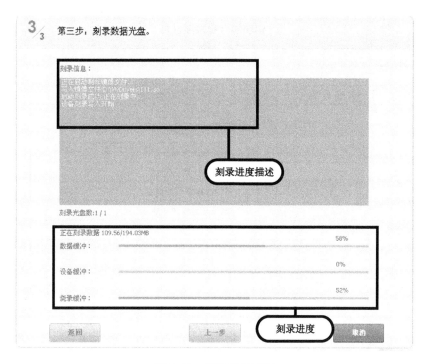

图 3-18 刻录镜像过程

 知识拓展

1．ISO

ISO 是以 ISO -9660 格式保存的光盘镜像文件，是最为通用的光盘镜像格式。

光盘镜像文件（Image）也称光盘映像文件，形式上只有一个文件，存储格式和光盘文件相同，所以可以真实反映光盘的内容，它可由刻录软件或者镜像文件制作工具创建。

2．ISO 镜像文件

它是光盘镜像文件的一种。它是一种光盘文件信息的完整拷贝文件，包括光盘所有信息，所以需要专门的虚拟光驱软件，载入此种镜像文件，进行读取，完全模拟了读取光盘文件的特性，这方面的软件有 Alcohol 120%等。

3．Nero Essentials

刻录软件 Nero Essentials 是一个德国公司出品的光盘刻录程序，支持中文长文件名刻录，也支持 ATAPI（IDE）的光盘刻录机，可刻录多种类型的盘片。

 **思考与练习**

1．使用光盘刻录大师刻录一张 CD 的音乐盘。

2．掌握 ISO 镜像知识，根据光盘刻录大师的镜像刻录功能，刻录一张操作系统安装盘。

模块学习效果评价表

学习效果评价表						
	内　　容		评 定 等 级			
	学 习 目 标	评 价 项 目	A	B	C	D
职业能力	能熟练使用分区助手对计算机硬盘进行合理的操作	能按需求创建分区				
		按照要求合并分区				
		按照要求分割分区				
	合理应用光盘刻录大师对光盘进行各种操作	刻录 CD 数据光盘				
		刻录 DVD 数据光盘				
		刻录光盘镜像文件				
通用能力	交流表达能力					
	与人合作能力					
	沟通能力					
	组织能力					
	活动能力					
	解决问题的能力					
	自我提高的能力					
	革新、创新的能力					
综合评价						

模块 4

文档编辑与翻译

任务 4-1　阅读 PDF 文档——Adobe Reader

知识目标

1）了解 PDF 文件格式及其特点；
2）了解 Adobe Reader 的基本功能。

能力目标

1）学会应用 Adobe Reader 阅读 PDF 文档；
2）学会应用 Adobe Reader 对 PDF 文档内容进行注释、复制、查找、打印等常用操作。

任务描述

在网上查询资料时，经常会遇到扩展名为.pdf 的文档文件，下载后会发现这些文档文件使

用 Word 文档编辑软件无法打开。那么如何来浏览其中的内容呢？

Adobe Reader 是美国 Adobe 公司开发的一款优秀的 PDF 文件阅读软件。它可以打开所有 PDF 文档，并能与所有 PDF 文档进行交互。它支持查看、搜索、验证和打印 PDF 文件，还可以对 PDF 文件进行数字签名以及针对其展开其他协作，简单明了，方便快捷。

 任务完成过程

Adobe Reader 可以对 PDF 文件进行查看、搜索、打印等操作。这里将具体介绍其常用的操作方法。

1. 打开 PDF 文档

Adobe Reader 的基本功能是阅读 PDF 文档，下面以阅读《Visual FoxPro 基础知识》PDF 文档为例，介绍 PDF 文档的打开与阅读的操作方法。

1）选择"开始"→"程序"→"Adobe Reader XI"选项，或者双击桌面上的 Adobe Reader XI 图标 ，将其启动。其界面如图 4-1 所示。

图 4-1　Adobe Reader XI 界面

2）在图 4-1 所示界面中单击"打开"超链接，或者选择"文件"→"打开"选项，如图 4-2 所示。

图 4-2　打开 PDF 文档

3）弹出"打开"对话框，找到 PDF 文档所在文件夹并选择所要打开的 PDF 文档，单击"打开"按钮，如图 4-3 所示。

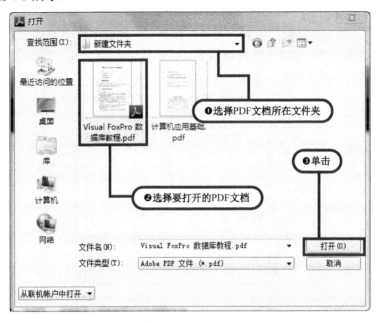

图 4-3　"打开"对话框

4）这样即可实现 PDF 文档的打开操作，打开后的效果如图 4-4 所示。

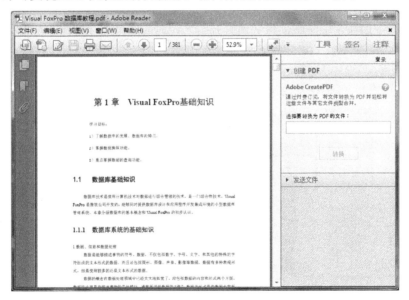

图 4-4　打开 PDF 文档

2．阅读 PDF 文档

在启动 Adobe Reader 阅读 PDF 文档时，可以对阅读方式进行适当的设置，下面具体介绍阅读 PDF 文档的常用设置方法。

1）放大/缩小内容。打开 PDF 文档后，若要放大显示文件中的内容，则单击 ➕（放大）按钮；若要缩小显示文件中的内容，则单击 ➖（缩小）按钮。若要达到最佳的阅读效果，可单击工具栏中的 ▭按钮或 ▭按钮，将页面调节到较易于阅读的形式。

2）查看目录。选择导览窗口中的"书签"选项卡，导览窗口中即显示此书的目录，单击选项卡中的相关目录链接，便可快速打开相关页面进行阅读。例如；要跳转到"数据模型"页，只需单击"数据模型"链接即可，如图 4-5 所示。

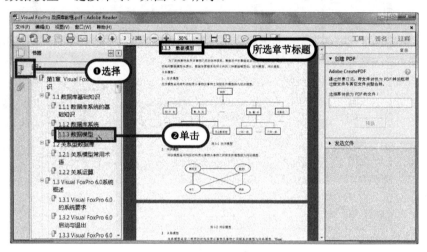

图 4-5　应用书签

3）查看缩略图。选择导览窗口中的"页面"选项卡，在导览窗口中将显示此书每一页的缩略图。单击其中的某个缩略图，可快速打开与之相对应的页面，如图 4-6 所示。

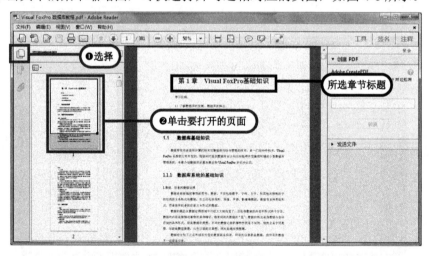

图 4-6　应用页面

4）翻页。如果读者使用的是三键鼠标，可使用鼠标滚动键进行页面滚动，或者单击状态栏中的 ⬆按钮和 ⬇按钮进行翻页。

5）朗读。通过选择"视图"→"朗读"→"启用朗读"选项，可以实现选中段落的朗读或者对本页进行朗读等，如图 4-7 所示。

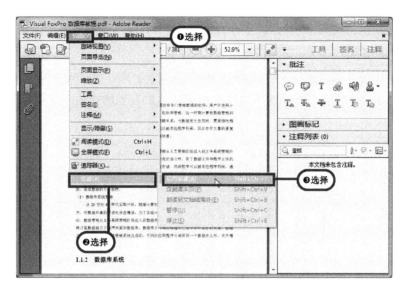

图 4-7 启用朗读

3. 复制 PDF 中的文本和图像

在 Adobe Reader 中复制内容可以轻松地完成，除非 PDF 文档作者已启用禁止复制的安全性设置。

1）确认允许复制内容。右击在 Adobe Reader 中已打开的 PDF 文档，在弹出的快捷菜单中选择"文档属性"选项，在"文档属性"对话框中选择"安全性"选项卡，并查看"文档限制小结"选项组。如果其中有"内容复制：允许"字样，则可以对此 PDF 文档进行文本和图像的复制，最后单击"确定"按钮即可，如图 4-8 所示。

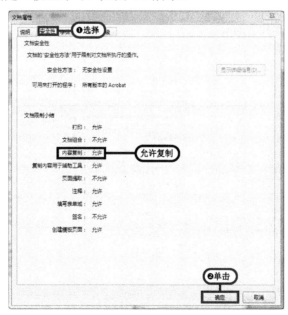

图 4-8 "文档属性"对话框

2）复制 PDF 中的特定内容。右击已打开的 PDF 文档，在弹出的快捷菜单中选择"选择工具"选项。拖动鼠标以选择文本，或单击以选择图像。右击选定的项目，在弹出的快捷菜单中

选择"复制"选项，再将其粘贴到其他应用程序中。由于操作简单易懂，这里不再赘述。

4. 注释 PDF 文件

用户可以使用批注和图画标记工具为 PDF 文件添加注释。所有批注和图画标记工具都可用。收到要审阅的 PDF 后，可以使用注释和标记工具为其添加批注。其图标工具及其含义如图 4-9 所示。

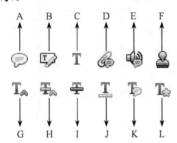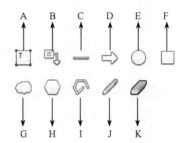

A—添加附注；B—高亮显示文本；C—添加文本注释；D—附加文件；E—录音；F—添加图章工具和菜单；G—在指针位置插入文本；H—替换文本；I—删除线；J—下划线；K—添加附注到文本；L—文本更正标记

A—添加文本框；B—添加文本标注；C—绘制线条；D—绘制箭头；E—绘制椭圆形；F—绘制矩形；G—绘制云朵；H—绘制多边形；I—绘制连接线条；J—绘制各种形状；K—擦除各种形状

图 4-9　"批注"面板和"图画标记"面板及其释义

5. 在 PDF 中查找信息

Adobe Reader 提供了在 PDF 文档中查找数据信息的功能，下面具体介绍在 PDF 文档中查找数据信息的操作方法。

1）选择"编辑"→"查找"选项，或者右击 PDF 文档，在弹出的快捷菜单中选择"查找"选项，即可弹出"查找"对话框。输入搜索词，然后单击"上一个"或"下一步"按钮，以查看每个匹配信息，如图 4-10 所示。

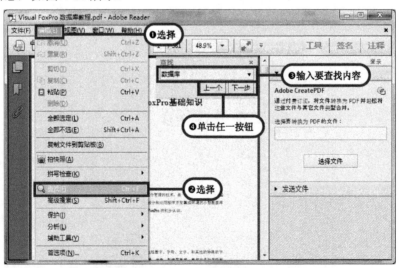

图 4-10　查找信息操作

2）要执行更为复杂的全字匹配、短语、注释以及其他选项搜索，可在 Adobe Reader 中，选择"编辑"→"高级搜索"选项。在"搜索"对话框的底部，单击"显示更多选项"按钮以进一步自定义搜索，如图 4-11 所示。

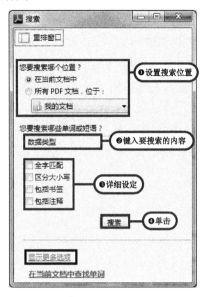

图 4-11　"搜索"对话框

完成上面任一操作都可以对文档进行信息查找，查找到的信息内容清晰明了，这里不再赘述。

6. 打印 PDF 文档

在 Adobe Reader 中，可以直接对 PDF 文档进行打印处理，下面具体介绍在 Adobe Reader 中打印 PDF 文档的操作方法。

1）启动 Adobe Reader，打开所要打印的 PDF 文档，选择"文件"→"打印"选项（或者单击工具栏中的⊖按钮），弹出"打印"对话框，如图 4-12 所示。

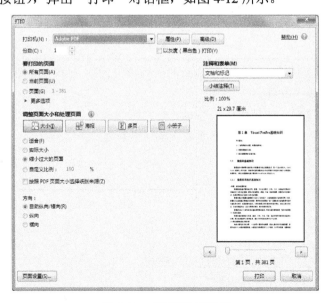

图 4-12　"打印"对话框

2）在"打印"对话框中，用户可以手动选择打印机、份数、页面大小、版面方向等。具体设置根据实际情况有所不同，这里不再赘述。

7．PDF 文档和 Word 文档的相互转换

在实际应用中，常常需要将 PDF 文档和 Word 文档进行格式转换，以便后期编辑和处理。当要将 Word 文档转换为 PDF 文档时，可以先通过安装 Adobe Reader 软件，再在 Word 处理软件中通过工具栏中的"创建 PDF"按钮实现转换；当要将 PDF 文档转换为 Word 文档时，可以在 Adobe Reader 中通过工具栏中的 按钮联网在线付费转换，或者通过下载转换器进行免费转换。转换方法很多，这里不再赘述。

 知识拓展

1．PDF 文件格式

PDF 文件格式是 Adobe 公司开发的电子文件格式。对普通读者而言，用 PDF 制作的电子书具有纸版书的质感和阅读效果，可以"逼真地"展现原书的原貌，而显示大小可任意调节，给读者提供了个性化的阅读方式，使读者能很快适应电子阅读与网上阅读，这无疑有利于计算机与网络在日常生活中的普及。

2．PDF 文件的特性

PDF 文件主要具有以下三种特性。

（1）平台无关性

PDF 文件不管是在 Windows、UNIX 中还是在 Mac OS 操作系统中都是通用的。这一特点使它成为在 Internet 上进行电子文档发行和数字化信息传播的理想文档格式。

（2）封装性

PDF 文件格式可以将文字、字形、格式、颜色及独立于设备和分辨率的图形图像等封装在一个文件中。该格式的文件还可以包含超文本链接、声音和动态影像等电子信息，支持特长文件，集成度和安全可靠性都较高。

（3）保密性

PDF 文件可以进行加密，控制敏感信息的访问权限，防止 PDF 被改动或打印，因而能用来传送有知识产权的电子文件。

越来越多的电子图书、产品说明、公司文告、网络资料、电子邮件开始使用 PDF 格式。PDF 格式的文件目前已成为数字化信息事实上的工业标准之一。

 思考与练习

1．如何在 PDF 文档中搜索需要查找的关键词？

2．如何对 PDF 文档进行密码保护？

任务 4-2 文件加密和解密——文件夹加密超级大师

 知识目标

1）了解文件加密和解密的过程；
2）了解文件夹加密超级大师的各项功能。

 能力目标

1）掌握应用文件夹加密超级大师对文件进行加密和解密的方法；
2）学会应用文件夹加密超级大师对计算机磁盘进行保护；
3）学会应用文件夹加密超级大师对文件夹进行伪装和粉碎。

任务描述

随着计算机的应用普及，很多人的个人资料都保存在计算机中，有些是可以公开的，有些是不想公开的。那么如何对不想公开的文件进行加密操作呢？

文件夹加密超级大师是简单易用、安全高效、功能强大的数据加密和保护软件。该软件采用了成熟先进的加密算法，有超快和最强的文件夹、文件加密功能，数据保护功能，文件夹、文件的粉碎、删除功能，以及文件夹伪装功能等。

任务完成过程

经文件夹加密超级大师加密后的文件，无论在何种环境下通过其他软件都无法解密。同时，它可防止复制和删除，且不受系统影响，即使重装系统、Ghost 还原系统，加密的文件夹依然保持为加密状态。隐藏加密的文件夹不通过本软件无法找到并解密。下面具体介绍其常用的操作方法。

1. 加密文件

对文件进行加密操作，是文件夹加密超级大师最为强大的功能。下面以对视频文件"新式课本.mp4"进行加密为例，具体介绍其加密文件的操作方法。

1）启动文件夹加密超级大师，单击"文件加密"按钮，如图 4-13 所示。

图 4-13 文件夹加密超级大师界面

常用工具软件

2）弹出"打开"对话框，在该对话框中通过"查找范围"下拉列表选择文件所在位置，选择准备加密的视频文件"新式课本.mp4"后，单击"打开"按钮，如图 4-14 所示。

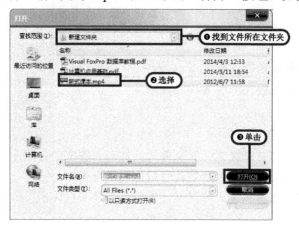

图 4-14　"打开"对话框

3）弹出加密对话框，输入并确认密码，输入完成后，单击界面左下角的"加密"按钮，即可对文件进行加密，如图 4-15 所示。

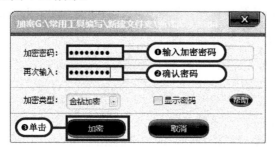

图 4-15　加密对话框

4）加密成功后，将在列表框中显示提示信息，如图 4-16 所示。

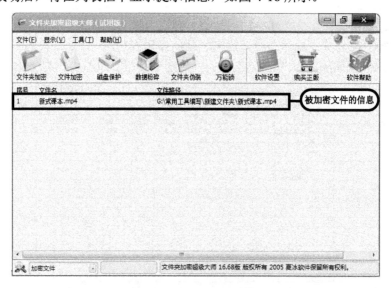

图 4-16　加密文件列表框

2. 解密文件

文件加密后，要想浏览文件需要先解密。下面具体介绍使用文件夹加密超级大师解密文件的操作方法。

1）启动文件夹加密超级大师，在加密文件列表框中选择被加密的文件，如图 4-17 所示。

2）弹出请输入密码对话框，在"密码"文本框中输入密码，单击"解密"按钮，如图 4-18 所示。

3）弹出解密文件对话框，显示文件解密进度，如图 4-19 所示。

4）文件解密后，被解密文件信息将在加密文件列表框中消失，如图 4-20 所示。

图 4-17　解密前的加密文件列表

图 4-18　请输入密码对话框

常用工具软件

图 4-19　解密文件对话框

图 4-20　解密后的加密文件列表框

3. 磁盘保护

磁盘保护功能可以对计算机中的磁盘进行隐藏，使其他人看不到该磁盘，从而保护该磁盘。下面具体介绍磁盘保护的操作方法。

1）启动文件夹加密超级大师，单击"磁盘保护"按钮，如图 4-21 所示。

2）弹出磁盘保护对话框，单击"添加磁盘"按钮，如图 4-22 所示。

3）弹出"添加磁盘进行保护"对话框，在"磁盘"下拉列表中选择准备添加保护的磁盘，如"D:\硬盘驱动器"，单击"确定"按钮，如图 4-23 所示。

图 4-21　单击"磁盘保护"按钮

图 4-22　"磁盘保护"对话框

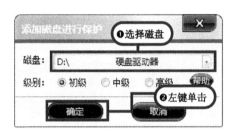

图 4-23　"添加磁盘进行保护"对话框

4）返回磁盘保护对话框，在已经受到保护的磁盘列表框中将看到自己选择的磁盘信息，单击"关闭"按钮完成操作，如图 4-24 所示。

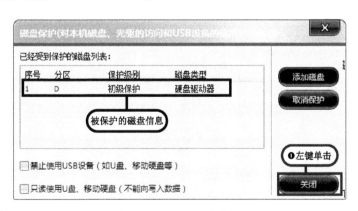

图 4-24　受保护的磁盘

5）磁盘保护操作完成后，在"计算机"窗口中将不显示受保护的磁盘，如图 4-25 所示。

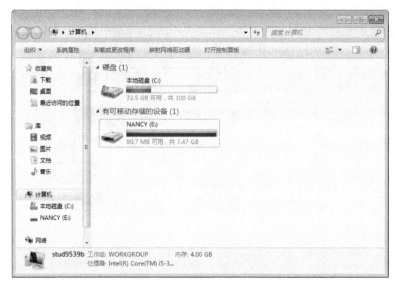

图 4-25　磁盘被保护后显示的窗口

4. 文件夹伪装

　　文件夹伪装是文件夹加密超级大师提供的一种简单的文件夹保护方法，它可以把文件夹伪装成回收站、FTP 文件夹、打印机等，伪装后的文件夹在打开时是无法看到其中的真实内容的。下面具体介绍文件夹伪装的操作方法。

　　1）启动文件夹加密超级大师，单击"文件夹伪装"按钮，如图 4-26 所示。

　　2）弹出"浏览文件夹"对话框，选择需要伪装的文件夹，如"个人日记"文件夹，单击"确定"按钮，如图 4-27 所示。

　　3）弹出"请选择伪装类型"对话框，选择文件夹要伪装的类型（有多种文件夹伪装类型可以选择，如果选择了"控制面板"，文件夹打开时看到的就是控制面板中的内容），这里选中"回收站"单选按钮，单击"确定"按钮，如图 4-28 所示。

图 4-26　"文件夹伪装"操作

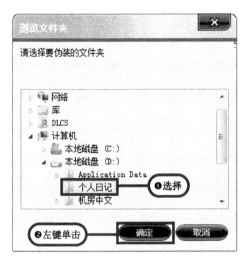

图 4-27　"浏览文件夹"对话框

图 4-28　"请选择伪装类型"对话框

4）弹出"文件夹伪装成功"的提示信息对话框，单击"确定"按钮，即可完成文件夹的伪装，如图 4-29 所示。

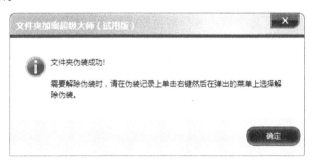

图 4-29　文件夹伪装成功

文件夹伪装后，想打开其中的文件也非常简单。启动文件夹加密超级大师，然后在窗口下方选择"文件夹伪装"选项，选择后在窗口列表中会出现计算机上所有的文件夹伪装记录，在需要打开的文件夹记录上单击，就可以正常打开和使用其中的文件了。把打开的文件夹关闭后，文件夹会自动恢复为伪装状态。

如果要解除文件夹伪装，可在文件夹伪装记录上右击，在弹出的快捷菜单中选择"解除伪装"选项即可。

5. 数据粉碎

平时在计算机操作过程中，被删除的文件和文件夹可以从回收站或者通过数据恢复软件进行恢复。这样就存在一个安全隐患：已被删除的文件可能会被其他人恢复，导致秘密文件泄漏。

数据粉碎是文件夹加密超级大师提供的一个安全辅助功能，它可以对文件和文件夹进行彻底删除，粉碎删除后任何人无法通过数据恢复软件进行文件和文件夹的恢复。下面具体介绍数据粉碎的操作方法。

1）启动文件夹加密超级大师，单击"数据粉碎"按钮，如图 4-30 所示。

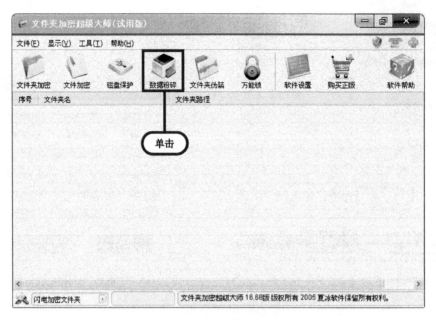

图 4-30　数据粉碎操作

2）弹出"浏览文件夹"对话框，选择需要粉碎删除的文件或文件夹，如"个人日记"文件夹，单击"确定"按钮，弹出确认删除提示信息对话框，单击"是"按钮，即可完成文件夹的粉碎，如图 4-31 所示。

图 4-31　"浏览文件夹"对话框和提示信息对话框

 知识拓展

1. 数据的加密和解密

数据加密的基本过程就是对原来为明文的文件或数据按某种算法进行处理，使其成为不可读的一段代码，通常称为"密文"，使其只能在输入相应的密钥之后才能显示原本的内容，通过这样的途径来达到保护数据不被非法人窃取、阅读的目的。该过程的逆过程为解密，即将该编码信息转化为其原来数据的过程。

2. 文件夹加密超级大师的五种加密方法

1）闪电加密：瞬间加密计算机中或移动硬盘上的文件夹，无大小限制，加密后防止复制、拷贝和删除，并且不受系统影响，即使重装、Ghost 还原、在 DOS 和安全模式下，加密的文件夹依然保持加密状态，在何种环境下通过其他软件都无法解密。

2）隐藏加密：瞬间隐藏文件夹，加密速度、效果和闪电加密相同，加密后的文件夹不通过本软件无法找到和解密。

3）全面加密：采用国际上成熟的加密算法将文件夹中的所有文件一次性全部加密，使用时需要哪个打开哪个，方便安全。

4）金钻加密：采用国际上成熟的加密算法将文件夹打包加密成加密文件。

5）移动加密：采用国际上成熟的加密算法将文件加密成可执行文件（EXE 文件）。可以将重要的数据以这种方法加密后，通过网络或其他方法在没有安装文件夹加密超级大师的机器上使用。

3. 神盾文件夹加密软件

神盾文件夹加密软件是国内领先的专为计算机终端用户设计的一套数据加密系统。它集文件加密解密、文件隐藏、磁盘透明读写、多用户安全登录等强大功能于一体，采用国际标准的基于智能密码钥匙的国际先进加密算法及双因子身份认证技术，能有效保护用户隐私和机密信息，防止因这些敏感信息的外泄而带来损失与不便。

思考与练习

1．如何应用文件夹加密超级大师对文件夹进行加密操作？

2．如何应用文件夹加密超级大师对文件或文件夹进行加锁操作？

3．对文件进行加密和解密的常用方法有哪些？

任务 4-3　数据恢复——EasyRecovery

 知识目标

1）了解数据恢复的原理、驱动器的含义及一般数据恢复软件的功能；

2）理解数据恢复的过程；

3）掌握使用 EasyRecovery 软件进行数据恢复的基本方法。

能力目标

1）通过本任务的学习，能恢复被误删除的文件；

2）学会修复 Word 等常用办公文件；

3）能够对驱动器进行诊断测试。

任务描述

在信息化时代，人们无论是工作还是生活，都离不开文档、图片、视频、音频等数据

的存储，然而由于各种原因，我们可能丢失仍被需要的数据。那么，如何能够使丢失的数据恢复呢？

EasyRecovery 是世界上著名的数据恢复公司 Ontrack 的技术产品，它是一个功能非常强大的硬盘数据恢复工具，能够帮助用户恢复丢失的数据及重建文件系统。

 任务完成过程

EasyRecovery 不会向用户的原始驱动器写入任何东西，它主要是在内存中重建文件分区表使数据能够安全地传输到其他驱动器中。用户可以从被病毒破坏或已经格式化的硬盘中恢复数据。该软件可以恢复大于 8.4GB 的硬盘。它也支持长文件名。被破坏的硬盘中丢失的引导记录、BIOS 参数数据块、分区表、FAT、引导区都可以通过它来恢复。下面具体介绍 EasyRecovery 的常用操作方法。

1. 恢复误删除文件

如果不小心误删了重要文件，则可以使用 EasyRecovery 对误删除的文件进行数据恢复。下面介绍恢复误删除文件的操作方法。

1）启动 EasyRecovery，单击"文件修复"按钮，如图 4-32 所示。

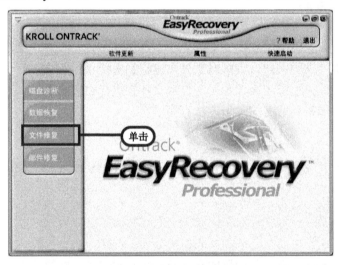

图 4-32　EasyRecovery 主界面

2）单击"数据恢复"按钮，在右侧的数据恢复区域中单击"删除恢复"按钮，如图 4-33 所示。

3）在选择恢复分区的区域中，选择恢复的文件所在的分区，如选择"（E：\）NTFS（112.88GB）"选项，然后单击"下一步"按钮，如图 4-34 所示。

4）扫描后弹出下一个窗口，从左侧列出的丢失文件列表框中选择需要恢复的文件，单击"下一步"按钮，如图 4-35 所示。

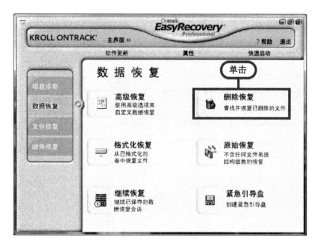

图 4-33 "数据恢复"界面

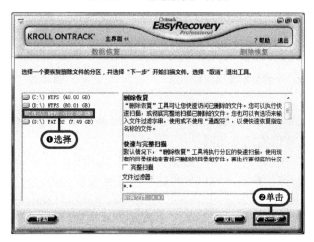

图 4-34 选择要恢复的已被删除的文件分区

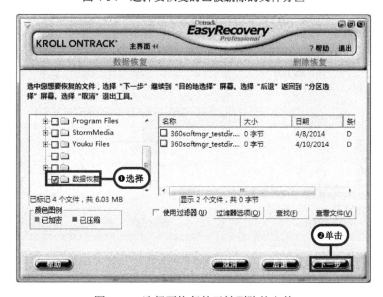

图 4-35 选择要恢复的已被删除的文件

5）弹出窗口，单击"恢复目的地选项"右侧的"浏览"按钮，如图 4-36 所示。

6）弹出"浏览文件夹"对话框，选择目的地，然后单击"确定"按钮，如图 4-37 所示。

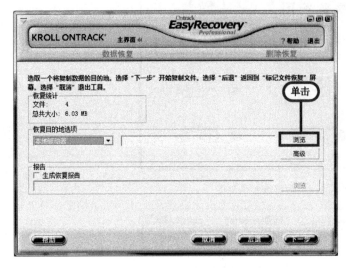

图 4-36　选取一个将复制数据的目的地

图 4-37　"浏览文件夹"对话框

说明：文件夹的恢复和文件恢复类似，只需选定已被删除的文件夹，余下的文件也都会被选定，其后的步骤与文件恢复完全相同。

7）返回上一窗口，单击"下一步"按钮，如图 4-38 所示。

8）显示文件恢复完成，单击"完成"按钮，即可恢复误删除的文件，如图 4-39 所示。

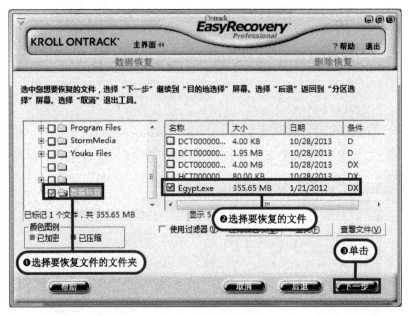

图 4-38　恢复文件

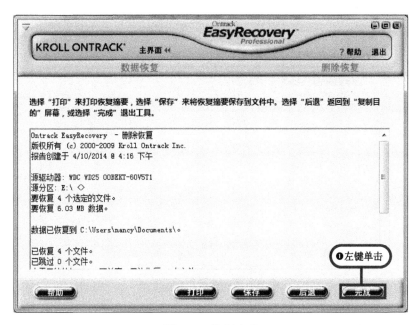

图 4-39 恢复完成

2. 文件修复

EasyRecovery 除了恢复文件功能之外，还有修复文件的功能，主要是针对 Office 办公文档和 ZIP 压缩文件的恢复，下面以恢复 Word 文档文件为例，具体介绍文件修复的操作方法。

1）启动 EasyRecovery 软件，单击"文件修复"按钮，然后在"文件修复"区域中单击"Word 修复"按钮，如图 4-40 所示。

2）弹出下一个窗口后，单击"浏览文件"按钮，如图 4-41 所示。

3）弹出"打开"对话框，选择准备修复的文件，如"Doc1.doc"文档，然后单击"打开"按钮，如图 4-42 所示。

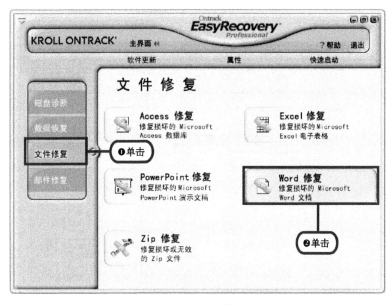

图 4-40 文件修复

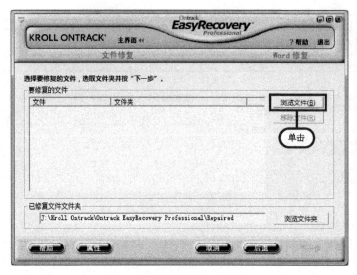

图 4-41　选择要修复的文件

图 4-42　"打开"对话框

4）返回上一个窗口后，单击"浏览文件夹"按钮，选择已修复的文件的目标文件夹，如图 4-43 所示。

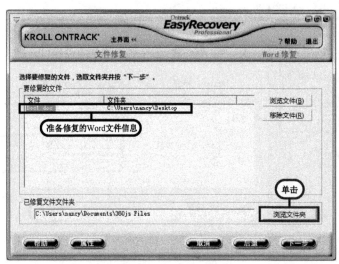

图 4-43　选择目标文件夹

5）弹出"浏览文件夹"对话框，选择准备使用的文件夹，如"我的文档"，然后单击"确定"按钮，如图 4-44 所示。

6）返回上一个窗口，单击"下一步"按钮，如图 4-45 所示。

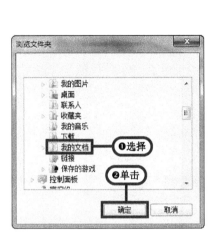

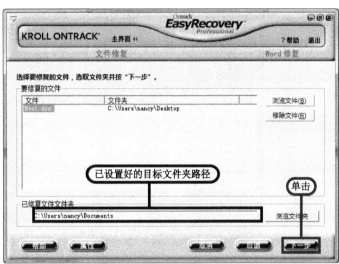

图 4-44 "浏览文件夹"对话框　　　　　　图 4-45 选择好目标文件夹

7）修复完成后，弹出"摘要"对话框，提示"已修复 1/1 个文件"信息，单击"确定"按钮，如图 4-46 所示。

8）进入修复报告界面，显示修复进程和修复完成等信息，单击"完成"按钮，即可完成文件的修复，如图 4-47 所示。

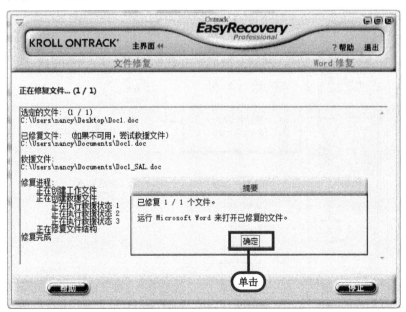

图 4-46 修复完成

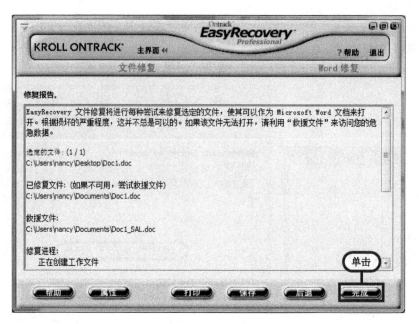

图 4-47　修复报告界面

3. 驱动器测试

驱动器测试是用来检测硬盘驱动器物理状况的。这些测试都是只读的，用来检测硬盘的物理稳定性。下面介绍驱动器测试的具体操作方法。

1）启动 EasyRecovery 软件，单击"磁盘诊断"按钮，在右侧"磁盘诊断"区域中单击"驱动器测试"按钮，如图 4-48 所示。

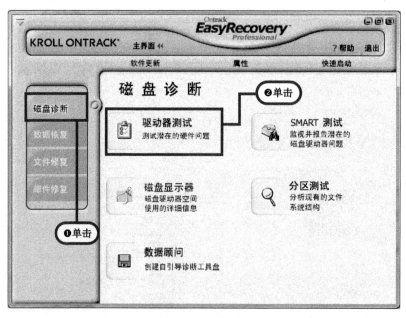

图 4-48　磁盘诊断

2）在弹出的窗口中勾选要诊断测试驱动器的复选框，如"PNY"驱动器，单击"下一步"按钮，如图 4-49 所示。

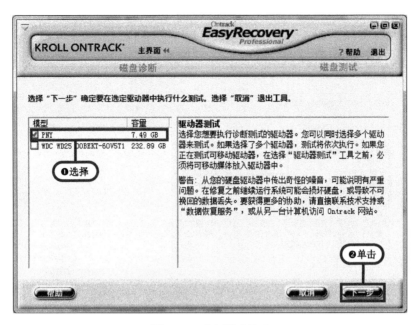

图 4-49 磁盘测试界面

3）在弹出的窗口中选择诊断测试的方式，如"快速诊断测试"，单击"下一步"按钮，如图 4-50 所示。

4）测试完成后，在弹出的窗口中显示测试结果的相关信息，单击"完成"按钮，即可完成指定驱动器的测试，如图 4-51 所示。

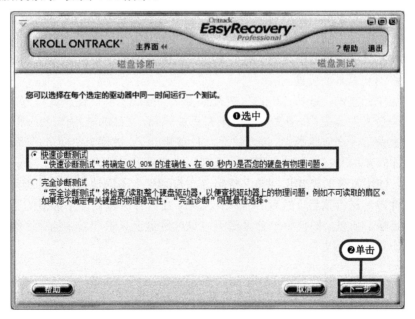

图 4-50 选择测试方法

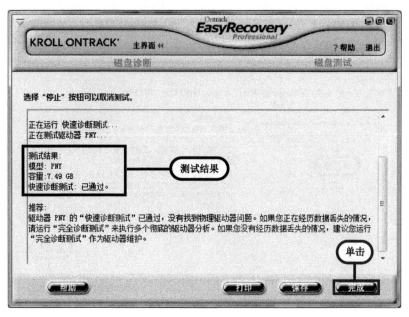

图 4-51　磁盘诊断完成

 知识拓展

1. 数据恢复

对于删除文件来说，在 Windows 环境下有以下两种形式。

第一种是将文件移动到"回收站"中。这种删除其实只是移动了文件的位置。可以看到，将文件移动到"回收站"后，硬盘剩余空间的大小并没有发生改变。当需要恢复这些文件时，只需要在"回收站"中选择要恢复的文件，右击，在弹出的快捷菜单中选择"还原"选项，即可将这些文件移动到原来的位置。

第二种是清空回收站，或按"Shift"键直接将文件彻底删除。使用这种方式删除文件时，硬盘空间大小是会发生改变的，但文件也并未真正被删除，文件的结构信息仍然保留在硬盘上，只是在文件表上做了一个删除标记，表明这个文件被删除了，该硬盘空间可以写入新的数据了。

因此，除非有新的数据覆盖该数据区，否则，文件就可以被恢复出来。EasyRecovery 在数据恢复过程中，使用复杂的模式识别技术找回分布在硬盘上不同地方的文件碎片，并根据统计信息对这些文件碎片进行重组。然后，EasyRecovery 在内存中建立一个虚拟的文件系统并列出所有的文件和目录。所以，即使整个分区都不可见或硬盘上只有非常少的分区维护信息，该软件仍然可以高质量地找回文件。

2. 驱动器

驱动器是通过某个文件系统格式化并带有一个驱动器号的存储区域。存储区域可以是软盘、CD、硬盘或其他类型的磁盘。单击"Windows 资源管理器"或"我的电脑"中相应的图标即可查看驱动器的内容。

3. 安易数据恢复软件

安易数据恢复软件是一款文件恢复功能非常全面的软件，支持 Windows 操作系统使用的 NTFS 分区、FAT 和 FAT32 分区、exFAT 分区的数据恢复，能够恢复经过回收站删除的文件、被"Shift"+"Delete"键直接删除的文件和目录、快速格式化的分区、完全格式化的分区、分区表损坏和盘符无法正常打开的分区数据、在磁盘管理中删除的分区、被重新分区的硬盘数据、被第三方软件做分区转换时丢失的文件等。此恢复软件用只读的模式来扫描数据,在内存中组建出原来的目录文件名结构,不会破坏源盘内容。

思考与练习

1. 对已被格式化的驱动器如何使用 EasyRecovery 数据恢复软件进行数据恢复?
2. 使用 EasyRecovery 数据恢复软件如何进行 Outlook 邮件修复?

任务 4-4 电子翻译"辞海"——金山词霸

 知识目标

1)通过本任务的学习,了解金山词霸的功能;
2)掌握应用语言翻译软件的一般方法。

能力目标

1)通过本任务的学习,能够进行词汇或句子的中英文互译;
2)学会从屏幕中取词翻译的操作方法。

 任务描述

随着全球化的发展,现今的学习、工作中,很多人离不开对英文资料的阅读和利用,但由于英语水平的限制,我们经常会遇到不会翻译的英文单词或句子。如何方便、快捷地查询到其含义呢?

金山词霸是一款免费的词典翻译软件,由金山公司 1997 年推出第一个版本。它最大的亮点是内容海量权威,收录了大量版权词典、真人语音、场景和常用对话。

任务完成过程

金山词霸具有离线查词、真人语音、背单词、找例句等功能。其内容丰富,应用简单。其界面主要包括"词典"、"翻译"、"句库"、"资料中心"四个选项卡,还提供取词、划译、生词本等功能服务。下面以金山词霸 2012 为例,具体讲解其常用操作方法。

1. 单词翻译

应用金山词霸软件,可以轻松地实现中英文互译。下面具体介绍使用金山词霸进行单词翻译的操作方法。

1)启动金山词霸,在主界面中选择"词典"选项卡,如图 4-52 所示。

图 4-52 选择"词典"选项卡

2）在"请输入词，'回车'查询"文本框中输入准备翻译的英文单词，如"blessing"，单击"查一下"按钮，如图 4-53 所示。翻译完成后，软件界面下方会显示该单词的含义及示例，也可以把鼠标指针停留在 🔊 图标上听到单词的真人读音。至此，应用金山词霸翻译单词的操作即可完成。

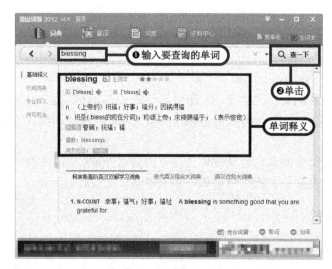

图 4-53 单词翻译操作

2．整句翻译

1）启动金山词霸后，在主界面中选择"翻译"选项卡，如图 4-54 所示。

2）在上面的文本框中输入准备翻译的英文句子，如"If you want the best the world has to offer，offer the world your best."，单击"翻译"按钮，如图 4-55 所示。翻译完成后，软件界面下方的文本框中会显示该句子的中文释义，应用金山词霸翻译整句的操作即可完成。

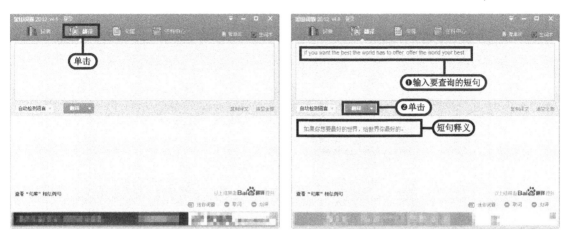

图 4-54　选择"翻译"选项卡　　　　　　　图 4-55　整句翻译操作

3. 屏幕取词

1）启动金山词霸后，单击窗口右下角的"取词"按钮，如图 4-56 所示。当"取词"前的符号由 ● 变成 ● 时，当前屏幕即为取词状态。

图 4-56　取词操作

2）打开一个文档，把鼠标指针停留在屏幕的单词或词组上，如"栅栏"，词典会自动翻译所指的单词或词组，应用金山词霸屏幕取词的操作即可完成，如图 4-57 所示。

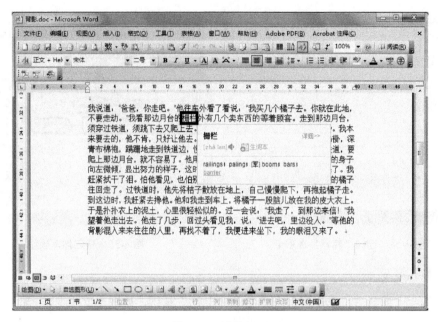

图 4-57　屏幕取词

 知识拓展

1. 金山公司

金山公司即为金山软件股份有限公司。其创建于 1988 年，是中国领先的应用软件产品和服务供应商。其总部在北京，公司机构分别设立在广东珠海、北京、成都、大连、深圳，并在日本设有分公司。其产品线覆盖了桌面办公、信息安全、实用工具、游戏娱乐和行业应用等诸多领域，自主研发了适用于个人用户和企业级用户的 WPS Office、金山词霸、剑侠情缘等一系列知名产品。

2. 翻译工具

网上的翻译工具大概可以分为两种：离线词典和在线翻译。离线词典，就是可以不联网，只要下载安装并运行即可方便取词，如金山词霸、灵格斯翻译家等；在线翻译需要我们访问一个网站，而后输入要查找的词汇等，如有道翻译、Google 翻译等。

  思考与练习

1. 应用金山词霸翻译单词"insist"。

2. 应用金山词霸翻译句子"There is a kind of missing which can be called a light happiness. There is a kind of happiness which is the frequent concern. There is a kind of concern which is the distant appreciation."。

模块学习效果评价表

学习效果评价表						
	内　　容			评 定 等 级		
	学 习 目 标	评 价 项 目	A	B	C	D
职业能力	能熟练掌握使用 Adobe Reader 阅读 PDF 文档的操作方法	能应用多种方式阅读 PDF 文档				
		能复制 PDF 文档中的文字和图像到其他位置				
		能在 PDF 文档中查找信息并设置打印				
	能熟练掌握应用文件夹加密超级大师对文件进行加密、解密等安全设置的基本方法	能对文件进行加密和解密				
		能对磁盘进行隐藏保护				
		能对文件夹进行伪装和粉碎				
	能利用 EasyRecovery 进行数据恢复	能对误删除数据进行恢复				
		能修复 Word 等 Office 文件				
		能进行磁盘测试				
	能通过金山词霸进行中英文互译	会单词翻译并听读音				
		能整句翻译				
		能屏幕取词翻译或解释				
通用能力	交流表达能力					
	与人合作能力					
	沟通能力					
	组织能力					
	活动能力					
	解决问题的能力					
	自我提高的能力					
	革新、创新的能力					
综合评价						

模块 5

网络管理与数据传输

➤ 通过本模块的学习，了解浏览网页的常用设置方法；
➤ 通过学习，掌握应用邮箱管理工具的一般方法；
➤ 学会应用下载工具进行文件下载的常用设置和方法。

能力目标

➤ 熟练运用 360 安全浏览器进行网页浏览的常用技巧；
➤ 掌握应用 Outlook 进行邮箱管理、邮件收发、日程安排等操作方法；
➤ 学会应用迅雷下载文件。

任务 5-1　安全上网浏览——360 安全浏览器

 **知识目标**

1）通过本任务的学习，了解 360 安全浏览器的功能；
2）熟练掌握应用 360 安全浏览器对网页进行浏览的常用方法。

能力目标

1）通过本任务的学习，能够应用 360 安全浏览器设置个性化主页；
2）学会应用 360 安全浏览器截图和翻译网页；
3）能够应用 360 安全浏览器清理浏览痕迹和打开误关闭的网页。

任务描述

上网浏览网页，如今已是日常生活中不可或缺的环节。那么，如何应用浏览器对网页进行设置以方便安全浏览呢？

360 安全浏览器是互联网上使用方便的新一代浏览器，和 360 安全卫士、360 杀毒软件等产品同为 360 安全中心的系列产品，是 360 安全中心推出的一款基于 IE 内核的浏览器。

 任务完成过程

360 安全浏览器拥有国内领先的恶意网址库，采用云查杀引擎，可自动拦截欺诈、网银仿冒等恶意网址。独创的"隔离模式"，让用户在访问木马网站时也不会感染；无痕浏览，能够更大限度地保护用户的上网隐私。360 安全浏览器体积小巧、速度快、极少崩溃，并拥有翻译、截图、广告过滤等实用功能。

1. 新建标签页

如果想在保留当前网页的情况下浏览其他网页，用户可以通过新建标签页来完成。下面具体介绍新建标签浏览网页的操作方法。

1）启动 360 安全浏览器，单击标签栏中的 按钮，如图 5-1 所示。

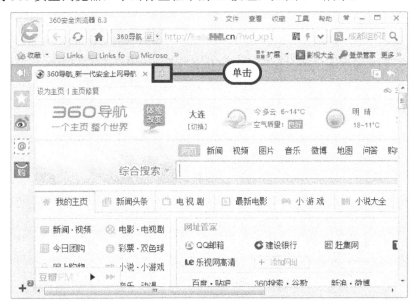

图 5-1　360 浏览器默认主页

2）新建的标签页中，在地址栏中输入要访问的网页地址，如百度网址，或者单击百度网页的宫格，即可打开新的网页进行浏览，如图 5-2 所示。

2. 设置个性化主页

主页是浏览器启动时自动打开的网页。设置个性化主页后，启动浏览器即可打开设置的主页网址，这样可以节省时间、提高浏览网页的效率。下面具体介绍个性化主页的设置方法。

1）启动 360 安全浏览器，选择"工具"→"选项"选项，如图 5-3 所示。

2）进入"选项"页面，选择"基本设置"选项卡，单击"修改主页"按钮，如图5-4所示。

图 5-2　新标签页

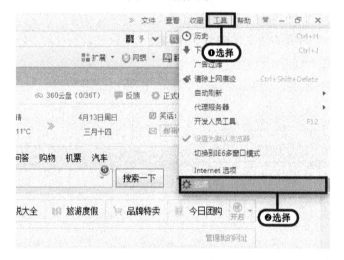

图 5-3　"选项"菜单项

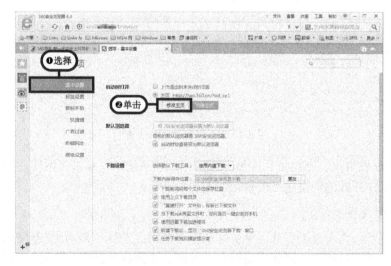

图 5-4　"选项"页面

3）在"主页设置"对话框中，输入准备设置的主页网址，如百度网址，单击"确定"按钮，即可完成设置，如图 5-5 所示。

图 5-5　"主页设置"对话框

3. 清除上网痕迹

在默认情况下，360 安全浏览器会自动保存用户的上网记录。为了保护隐私，用户可以使用 360 安全浏览器清理上网痕迹，下面具体介绍清理上网痕迹的操作方法。

1）启动 360 安全浏览器，选择"工具"→"清除上网痕迹"选项，如图 5-6 所示。

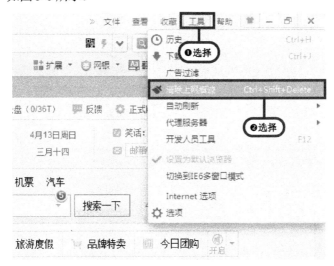

图 5-6　选择"清除上网痕迹"选项

2）弹出"清除上网痕迹"对话框，选择将要清除痕迹的时间段，设置具体的清除内容，单击"立即清理"按钮，即可完成上网痕迹的清理，如图 5-7 所示。

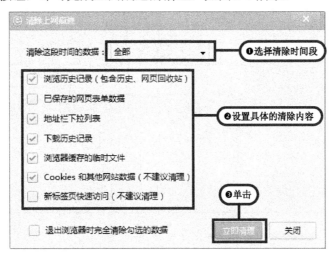

图 5-7　"清除上网痕迹"对话框

在"清除上网痕迹"对话框中，在"上网痕迹"选项组中有"浏览历史记录（包含历史、网页回收站）"、"地址栏下拉列表"、"已保存的网页表单数据"、"Cookies 和其他网站数据（不建议清理）"和"下载历史记录"等复选框，用户可以根据个人需要选择清理浏览记录。

4. 截图应用

使用 360 安全浏览器时，可以使用截图工具将网页中的图片、文字等数据以图片的形式保存下来。下面具体介绍 360 安全浏览器中截图工具的操作方法。

1）启动 360 安全浏览器，打开准备截图的网页，单击工具栏中的"截图"下拉按钮，然后选择"指定区域截图"选项，如图 5-8 所示。

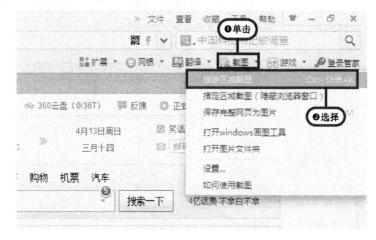

图 5-8　选择"制定区域截图"选项

2）在准备截图的区域的左上角单击并拖动鼠标，到右下角时再次单击，表示截图区域选择结束。在所选择的区域下方会出现一排按钮，单击"保存选中区域"按钮，如图 5-9 所示。

图 5-9　截图区域

3）弹出"保存为"对话框，选择准备保存截图的位置，在"文件名"文本框中输入截图名称，设定保存类型，单击"保存"按钮。这样即可使用截图工具截取图片，如图 5-10所示。

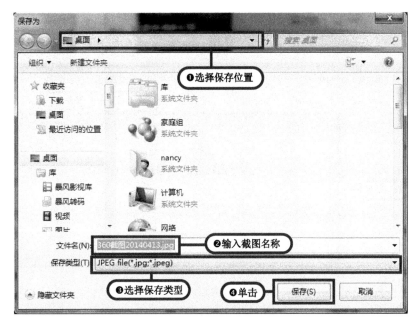

图 5-10　保存截图

5. 翻译网页

浏览网站时，如果需要对网页进行中英文或中日文互译，则可以使用 360 安全浏览器的翻译工具来实现，下面将以"百度"网页为例，具体介绍翻译网页的操作方法。

1）启动 360 安全浏览器，单击工具栏中的"翻译"下拉按钮，然后选择"翻译当前网页"选项，如图 5-11 所示。

图 5-11　选择"翻译当前网页"选项

2）打开"有道翻译"网页后，在网址文本框右侧下拉列表中选择"中文》英语"选项，单击"翻译"按钮，即可完成网页从中文到英文的翻译，如图 5-12 所示。

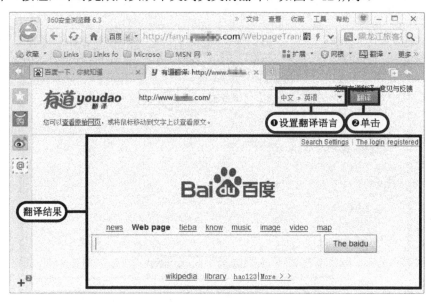

图 5-12　"有道翻译"网页

6. 快速恢复误关闭的网页

如果不小心将正在浏览的网页关闭了，又想继续浏览此网页，则可使用 360 安全浏览器快速将关闭的网页恢复。下面以恢复"百度"网页为例，具体介绍其操作方法。

1）启动 360 安全浏览器，在"百度"网页关闭状态下，单击工具栏中的"网页回收站"下拉按钮，在下拉列表中选择"百度一下，你就知道"选项，如图 5-13 所示。

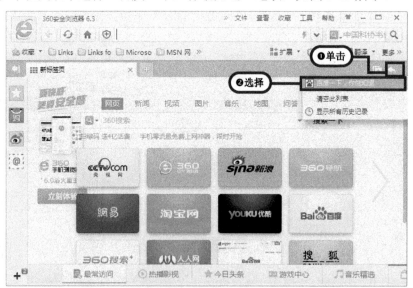

图 5-13　快速恢复误关闭的网页

2）刚刚关闭的"百度"网页将重新恢复显示，这样即可在 360 安全浏览器中恢复误关闭的网页，如图 5-14 所示。

图 5-14   被恢复的网页

7. 收藏网页

在浏览网页时，经常会遇到想保留当前网页，以备以后查看的情况。360 安全浏览器可以帮助用户收藏网页。下面以收藏"百度"网页为例，具体介绍 360 安全浏览器收藏网页的操作方法。

1）启动 360 安全浏览器，打开"百度"网页，选择"收藏"→"添加到收藏夹"选项，如图 5-15 所示。

图 5-15   收藏网页的操作

2）弹出"添加到收藏夹"对话框，输入"网页标题"和设置"创建位置"（通常选择默

认内容）后，单击"添加"按钮，即可完成"百度"网页的收藏，如图 5-16 所示。

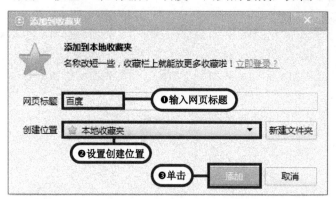

图 5-16　"添加到收藏夹"对话框

3）打开任意网页，将在工具栏中可看到"百度"网页图标，单击"百度"网页图标即可浏览该网页，如图 5-17 所示。

图 5-17　应用收藏夹

 知识拓展

1. 浏览器

网页浏览器是显示网页服务器或档案系统内的文件，并使用户与这些文件互动的一种软件。它用来显示在万维网或局域网内的文字、影像及其他资讯。这些文字或影像可以是连接其他网址的超链接，用户可迅速及轻易地浏览各种资讯。大部分网页为 HTML 格式，有些网页需特定浏览器才能正确显示。个人计算机上常见的网页浏览器有微软的 Internet Explorer、Mozilla 的 Firefox、Google 的 Chrome、苹果公司的 Safari、Opera 软件公司的 Opera 等。浏览器是最常用的客户端程序。

2. 网页和网站

网页是网站的基本信息单位，是 WWW 的基本文档。它由文字、图片、动画、声音等多种媒体信息以及超链接组成，通过超链接实现与其他网页或网站的关联和跳转。

网站由众多不同内容的网页构成，网页的内容可体现网站的全部功能。通常把进入网站首先看到的网页称为首页或主页，如新浪、搜狐、网易就是国内比较知名的大型门户网站。

3. 360 极速浏览器

360 极速浏览器是奇虎 360 公司推出的一款极速双核浏览器，添加了一些符合我国网民上网习惯的实用功能。它继承超级精简的页面和创新布局，并创新性地融入国内用户喜爱的热门功能，在速度大幅度提升的同时，兼顾国内互联网应用。360 极速浏览器集成了独有的安全技术，具有恶意代码智能拦截、下载文件即时扫描、隔离沙箱保护、恶意网站自动报警、广告窗口智能过滤等强劲功能，能够确保普通用户的上网安全防护。

思考与练习

1．应用 360 安全浏览器设置新浪网址为主页。
2．如何应用 360 安全浏览器进行广告过滤设置？

任务 5-2 轻松发送邮件——Outlook

知识目标

1）通过本任务的学习，了解 Outlook 的常用功能；
2）掌握邮件管理工具的一般用法和技巧。

能力目标

1）通过本任务的学习，学会应用 Outlook 进行账户设置和账户添加；
2）学会应用 Outlook 创建联系人和发送邮件；
3）应用 Outlook 提醒待办事项。

任务描述

电子邮件以其简单、快捷的特点为人们的日常生活和工作带来了极大的方便。但当电子邮箱较多时，通过相关网站收发电子邮件就会很麻烦。如何让多邮箱收发邮件更方便呢？

Outlook 是 Microsoft Office 套装软件的组件之一，是一款很不错的邮件管理工具，它可以帮助用户在不登录网站的情况下收发多个邮箱里的邮件，并管理联系人信息、记录日记、安排日程、分配任务等。下面以 Microsoft Outlook 2010 为例具体介绍其常用操作方法。

 任务完成过程

Outlook 操作简单，易学易用。下面对其发电子邮件、添加联系人、安排日程等操作方法进行具体介绍。

1. 账户配置

Outlook 安装完成后，第一次运行时，系统会自动启动 Outlook 向导程序，引导用户进行账户配置。下面具体介绍 Outlook 账户配置的操作方法。

1）安装完成后，启动 Outlook，弹出"Microsoft Outlook 2010 启动"对话框，单击"下一步"按钮，如图 5-18 所示。

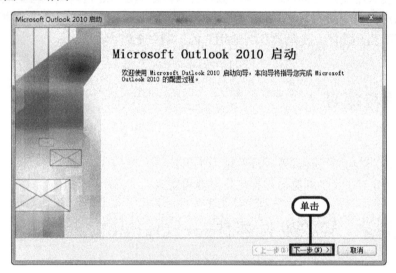

图 5-18　"Microsoft Outlook 2010 启动"对话框

2）弹出"账户配置"对话框，选中"是"单选按钮后，单击"下一步"按钮，如图 5-19 所示。

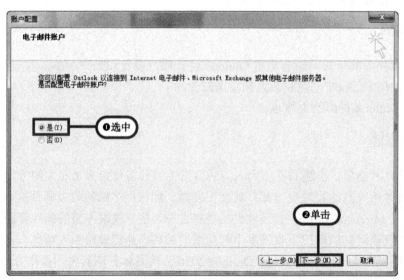

图 5-19　"账户配置"对话框

3）弹出"添加新账户"对话框，选中"电子邮件账户"单选按钮，在"您的姓名"文本框中输入用户名称；在"电子邮件地址"文本框中输入完整的电子邮件地址；在"密码"文本框中输入邮箱密码；在"重新键入密码"文本框中再次输入密码；单击"下一步"按钮，如图 5-20 所示。

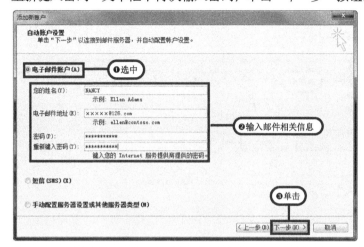

图 5-20　"添加新账户"对话框

4）弹出"Microsoft Outlook"对话框，单击"允许"按钮，如图 5-21 所示。

图 5-21　"Microsoft Outlook"对话框

5）进入"联机搜索您的服务器设置"界面，提示"IMAP 电子邮件账户已配置成功"信息，单击"完成"按钮，即可完成账户配置操作，如图 5-22 所示。

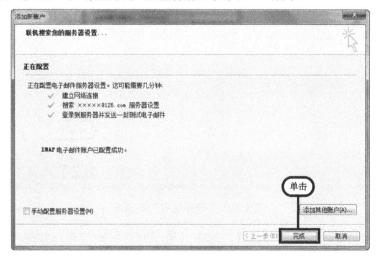

图 5-22　"联机搜索您的服务器设置"界面

2. 添加账户

如果有多个电子邮件账户，则 Outlook 也支持对多账户的管理，下面具体介绍在 Outlook 中添加账户的操作方法。

1）启动 Outlook，选择"文件"选项卡，在窗口左侧单击"信息"按钮，在右侧显示区域中单击"添加账户"按钮，如图 5-23 所示。

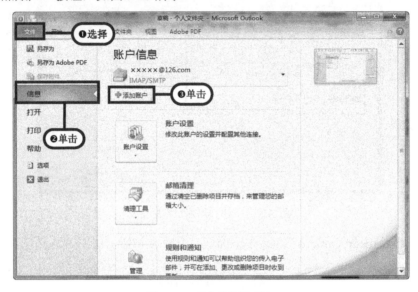

图 5-23　"文件"选项卡

2）弹出"选择服务"对话框，选中"电子邮件账户"单选按钮，单击"下一步"按钮，如图 5-24 所示。

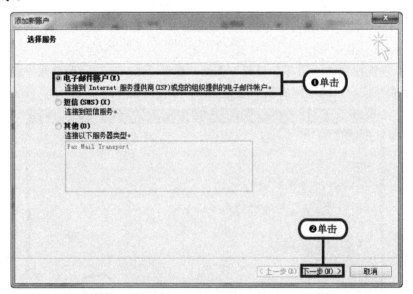

图 5-24　"选择服务"对话框

3）弹出"自动账户设置"对话框，选中"电子邮件账户"单选按钮，在"您的姓名"文本框中输入用户名称；在"电子邮件地址"文本框中输入完整的电子邮件地址；在"密码"文本框中输入邮箱密码；在"重新键入密码"文本框中再次输入密码；单击"下一步"按钮，如图 5-25 所示。

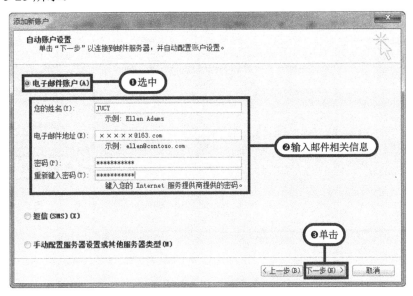

图 5-25 "自动账户设置"对话框

4）其余操作与上面所述"账户配置"后几步操作相同，这里不再赘述。

3. 创建联系人

在使用 Outlook 发送电子邮件时，要先将联系人创建好，这样可以带来很多方便。下面将具体介绍创建联系人的操作方法。

1）动 Outlook，选择"开始"选项卡，单击"新建项目"下拉按钮，在下拉列表中选择"联系人"选项，如图 5-26 所示。

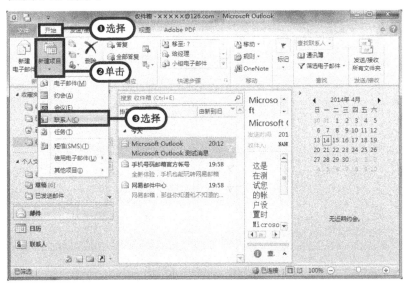

图 5-26 新建联系人

2）弹出联系人窗口，在文本框中逐个填写准备添加的联系人的详细信息，然后单击"保

存并关闭"按钮，即可完成创建联系人的操作，如图 5-27 所示。

图 5-27　联系人窗口

4．发送电子邮件

使用 Outlook 可以很方便地撰写和发送电子邮件，下面具体介绍使用 Outlook 客户端发送电子邮件的操作方法。

1）启动 Outlook，选择"开始"选项卡，单击"新建项目"下拉按钮，在下拉列表中选择"电子邮件"选项，如图 5-28 所示。

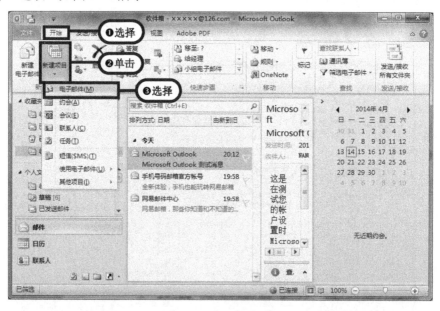

图 5-28　新建电子邮件

2）弹出"未命名-邮件（HTML）"对话框，单击"收件人"按钮，如图 5-29 所示。

3）弹出"选择姓名：联系人"对话框，选中"仅名称"单选按钮，选择准备发送的电子邮件地址信息后，单击"收件人"按钮，在其后出现收件人地址，再单击"确定"按钮，如图 5-30 所示。

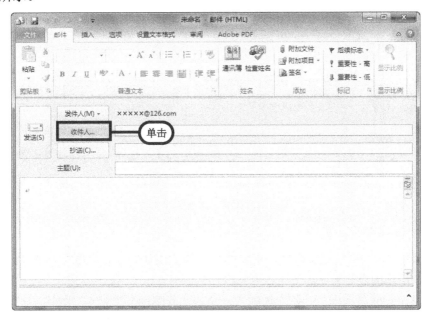

图 5-29　选择"收件人"

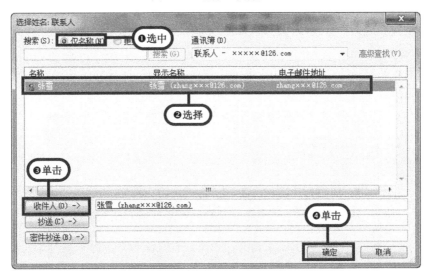

图 5-30　"选择姓名：联系人"对话框

4）返回上一个对话框，在"主题"文本框中输入邮件主题，如"生日快乐"；在编辑信件列表框中输入邮件内容，单击"发送"按钮，即可完成发送电子邮件的操作，如图 5-31 所示。

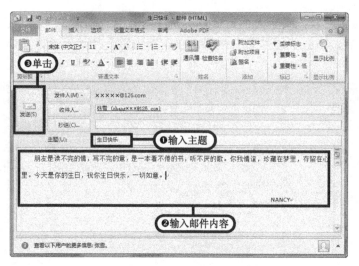

图 5-31　撰写、发送电子邮件

5. 提醒待办事项

Outlook 不只是能处理电子邮件，它还能在日历中创建约会、提醒待办事项。下面具体介绍其提醒待办事项的操作方法。

1）启动 Outlook，选择"开始"选项卡，单击"新建约会"按钮，如图 5-32 所示。

2）弹出"未命名-约会"对话框，选择"约会"选项卡，单击"提醒"下拉按钮，在下拉列表中设置时间，如图 5-33 所示。

3）时间设置完成后，分别填写主题、地点和待办事项等信息，单击"保存并关闭"按钮，如图 5-34 所示。

4）在左侧导航窗格中选择"日历"选项，即可在右侧区域看到已经设置的提醒待办事项，如图 5-35 所示。

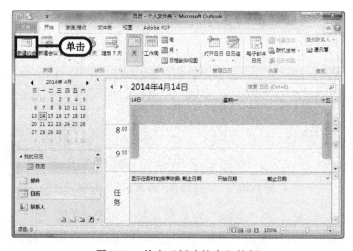

图 5-32　单击"新建约会"按钮

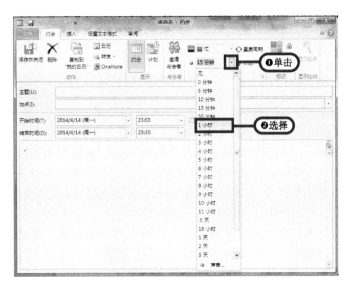

图 5-33　选择提醒时间

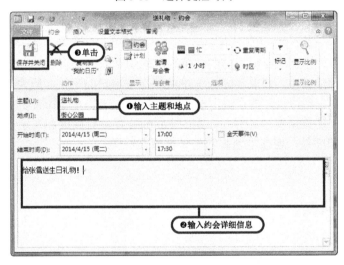

图 5-34　输入约会信息

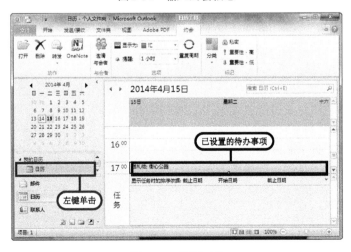

图 5-35　日历工具

知识拓展

1. 电子邮件协议

常见的电子邮件协议有以下几种：SMTP（简单邮件传输协议）、POP3（邮局协议）、IMAP（Internet 邮件访问协议）。这几种协议都是由 TCP/IP 协议族定义的。

SMTP：主要负责底层的邮件系统如何将电子邮件从一台机器传至另一台机器。

POP：版本为 POP3，POP3 是把电子邮件从电子邮箱中传输到本地计算机的协议。

IMAP：版本为 IMAP4，是 POP3 的一种替代协议，提供了邮件检索和邮件处理的新功能，这样用户可以完全不必下载邮件正文就可以看到邮件的标题摘要，从邮件客户端软件就可以对服务器上的邮件和文件夹目录等进行操作。IMAP 增强了电子邮件的灵活性，也减少了垃圾邮件对本地系统的直接危害，还相对节省了用户查看电子邮件的时间。除此之外，IMAP 可以记忆用户在脱机状态下对电子邮件的操作（如移动邮件、删除邮件等），在下一次打开网络连接时会自动执行这些操作。

2. Foxmail

除了 Microsoft Outlook 以外，Foxmail 也是一款不错的电子邮件管理工具。它是由华中科技大学张小龙开发的一款优秀的国产电子邮件客户端软件，2005 年 3 月 16 日被腾讯公司收购。新的 Foxmail 具备强大的反垃圾邮件功能，能够准确识别垃圾邮件与非垃圾邮件。垃圾邮件会被自动分拣到垃圾邮件箱中，有效地降低了垃圾邮件对用户的干扰，最大限度地减少了用户因为处理垃圾邮件而浪费的时间。数字签名和加密功能可以确保电子邮件的真实性和保密性，有效防止黑客窃听，保证数据安全。另外，新的 Foxmail 还具有阅读和发送国际邮件、地址簿同步、收取 Yahoo 邮箱邮件、增强本地邮箱邮件搜索功能等。

 思考与练习

1. 请用 Microsoft Outlook 软件发送一封电子邮件给自己的好朋友。
2. 在 Microsoft Outlook 软件中为最亲的人建立一个生日提醒。

任务 5-3　下载软件——迅雷

知识目标

1）了解迅雷的多种下载方式；
2）掌握应用下载工具的一般操作方法。

能力目标

1）通过本任务的学习，掌握使用迅雷快速下载文件的操作方法；
2）学会应用迅雷批量下载文件的操作方法。

任务描述

随着信息化的发展，计算机网络已经逐渐成为大众传媒的重要角色和信息的主要获取渠道。应用网络获取资源已经成为当今生活、工作中不可或缺的操作技能。那么，如何方便、快捷地从网络中获得我们需要的资源呢？

迅雷是一款新型的基于 P2SP 技术的下载工具，它使用的多资源超线程技术基于网格原理，能够将网络上存在的服务器和计算机资源进行有效整合，构成独特的迅雷网络，通过迅雷网络，各种数据文件能够以最快的速度进行传递。

任务完成过程

迅雷不但提供资源下载，还支持多结点断点续传，并提供多种不同的下载速率。下面以迅雷 7 为例，具体介绍迅雷的常用操作方法。

1．快速下载文件

使用迅雷可以快速从网上下载资源，它具有下载速度快、操作简便的特点。下面具体介绍快速下载文件的操作方法。

1）安装迅雷软件后，找到下载资源，进入其下载页，如影片"疯狂原始人"，单击"免费下载"按钮，如图 5-36 所示。

图 5-36　"疯狂原始人"下载页面

2）弹出新建任务对话框，设置文件的保存路径后，单击"立即下载"按钮，如图 5-37 所示。

图 5-37　新建任务对话框

3）开始下载文件后，在迅雷操作界面中，选择左侧的"正在下载"选项，将在右侧区域显示文件的下载速度、完成进度等信息，如图 5-38 所示。

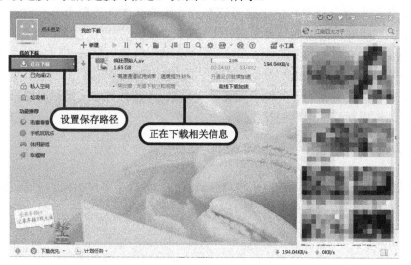

图 5-38　下载信息显示

4）下载完成后，选择迅雷左侧的"已完成"选项，可以看到下载完成后的文件信息，如图 5-39 所示。

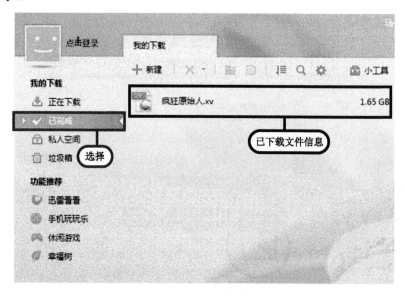

图 5-39　下载完成后的信息显示

2. 批量下载文件

当需要下载网页中的多个文件时，可以使用迅雷的批量下载文件功能，以提高下载的效率。下面以批量下载图片为例，具体介绍批量下载文件的操作方法。

1）打开需要下载图片的网页，单击图片超链接，弹出新网页。右击图片超链接，在弹出的快捷菜单中选择"属性"选项，如图 5-40 所示。

图 5-40 选择"属性"选项

2）弹出"属性"对话框，复制图片的 URL 地址，单击"确定"按钮，如图 5-41 所示。

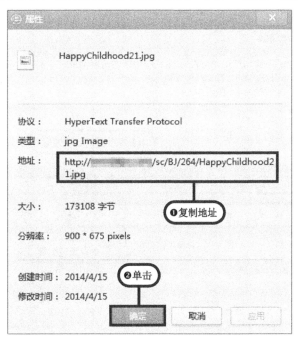

图 5-41 复制地址

3）启动迅雷，单击"新建"按钮，弹出"新建任务"对话框，单击"按规则添加批量任务"按钮，如图 5-42 所示。

4）弹出批量"新建任务"对话框，在下载地址中输入图片的 URL 地址，按照 URL 地址输入（*），选中"从 x 到 x"单选按钮，设置数值为 1 到 3；在"通配符长度"文本框中，设置通配符长度数值；单击"确定"按钮，如图 5-43 所示。

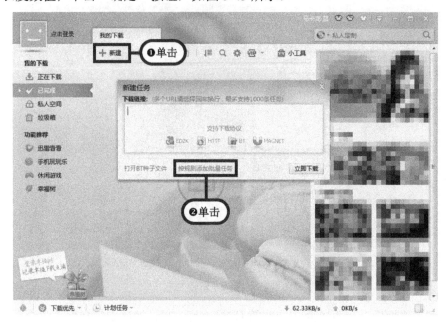

图 5-42　新建批量任务

图 5-43　批量下载的设置

5）选择准备下载的路径，单击"立即下载"按钮，通过上述方法，即可完成批量下载文件的操作，如图 5-44 所示。

图 5-44　设置批量下载的路径

3. 自定义限速下载

在迅雷 7 中，还可以根据需求对下载时的速度进行限制，方便计算机上其他工作的正常运行。下面具体介绍自定义限速下载的操作方法。

1）启动迅雷，单击底部工具栏中的"下载优先"下拉按钮，选择"自定义限速"选项，如图 5-45 所示。

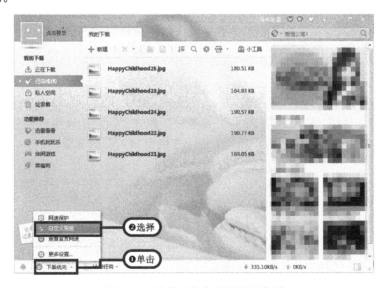

图 5-45　选择"自定义限速"选项

2）弹出"自定义模式"对话框，分别在"最大下载速度"文本框和"最大上传速度"文本框中设置数值，单击"确定"按钮，即可完成自定义限速下载操作，如图 5-46 所示。

图 5-46 "自定义模式"对话框

 知识拓展

1. 通配符

通配符是一种特殊语句，主要有星号（*）和问号（?），用来模糊搜索文件。当查找文件夹时，可以使用它来代替一个或多个真正字符；当不知道真正字符或者不想输入完整名称时，常常使用通配符代替一个或多个真正的字符。例如，输入"computer*"，则可能找到 computer1、computer2、computer3 等内容。

2. 添加下载任务的常用方法

下载单个文件时，常用的添加下载任务的方法有以下三种。

1）在浏览器中单击要下载的文件，系统自动启动迅雷并下载任务。

2）右击要下载的文件，在弹出的快捷菜单中选择"使用迅雷下载"选项，下载文件。

3）直接单击"下载"按钮，添加下载地址进行下载。

3. QQ 旋风

QQ 旋风是腾讯公司推出的新一代互联网下载工具，下载速度更快，占用内存更少，界面更清爽简单。QQ 旋风创新性地改变了下载模式，将浏览资源和下载资源融为一体，使下载更简单、更纯粹、更小巧。

4. FlashGet

FlashGet 又被称为快车，它采用基于业界领先的 MHT 下载技术给用户带来超高速的下载体验。它兼容 BT、传统（HTTP、FTP 等）等多种下载方式，更能让用户充分享受互联网海量下载的乐趣。快车以其性能好、功能多、下载速度快受到人们的喜爱。

 思考与练习

1. 请使用迅雷下载电影《疯狂原始人》。

2. 什么情况下可以应用批量下载？为什么？

模块学习效果评价表

内 容			评 定 等 级			
	学 习 目 标	评 价 项 目	A	B	C	D
职业能力	能熟练使用 360 安全浏览器进行网页浏览	能新建标签页				
		能设置个性化主页				
		能按要求清除上网痕迹				
		能进行网页截图				
		能进行网页中英文互译				
		能快速恢复误关闭的网页				
		能进行网页收藏				
	能熟练应用 Outlook 管理邮箱	能进行账号配置				
		能添加账户				
		能创建联系人				
		能熟练收发电子邮件				
		能设置提醒事项				
	能应用迅雷进行文件下载操作	能进行单个文件下载				
		能进行批量文件下载				
		能自定义限速下载				
通用能力	交流表达能力					
	与人合作能力					
	沟通能力					
	组织能力					
	活动能力					
	解决问题的能力					
	自我提高的能力					
	革新、创新的能力					
综合评价						

模块 6

即 时 通 信

任务6-1 让沟通变得畅快——腾讯QQ

知识目标

1）通过本任务的学习，了解 QQ 的由来和基本使用方法，了解同类软件的特点和应用领域；

2）了解 QQ 的常用操作和简单设置的方法；

3）掌握灵活运用 QQ 软件与特定的人员进行即时沟通的方法和技巧。

能力目标

1）通过本任务的学习，自主注册并登录 QQ 账户，并进行简单的用户信息设置；

2）能够进行 QQ 的基本操作，建立、添加 QQ 群组，添加、删除好友等，并能够实现在线顺畅交流。

3）了解微云的使用，能够与好友间进行传送文件，截屏交流等操作。

 任务描述

互联网时代，人们期待一款基于网络传输的沟通工具，于是产生了电子邮箱，然后人们期待这种沟通能够及时，能够面对面，能够像打电话一样进行语音沟通，能够像开会一样多人参与等。科技以人为本，正是为了满足日益增长的需求，即时通信软件诞生了。

腾讯 QQ 简称 QQ，以前也称 OICQ，是由深圳市腾讯计算机系统有限公司开发的一款基于 Internet 的即时通信软件。我们可以使用 QQ 和好友进行交流，信息即时发送和接收，语音视频聊天，音视频会议等。除了传统的 QQ 聊天室、点对点断点续传文件、共享文件、邮箱、备忘录、网络收藏夹、贺卡等。目前也有很多人利用 QQ 群进行在线教育，群内提供课堂互动、课后管理、学习资料共享等一整套的功能。

 任务完成过程

目前腾讯 QQ 有简体中文版、繁体中文版、英文版等，可在所有的 Windows 操作系统平台下使用。随着手机上网使用的普及，越来越多的人都在手机上安装和使用了 QQ。本任务以计算机上使用的 QQ 为例进行讲解。

1．申请新 QQ 号

如果准备使用 QQ，则必须下载软件安装程序，并在安装以后获得一个 QQ 号码，就像打电话必须有一部电话或手机和一个电话号码一样。以下以 "腾讯 QQ 5.2" 为例进行讲解。

1）启动 QQ，单击 "注册账号" 按钮，进行 QQ 号码申请，确认服务条款，在弹出的 "QQ 注册" 对话框中填写必填的基本信息，单击 "立即注册" 按钮，即可获得免费的 QQ 号码。用户可以在系统分配的 QQ 号码中选择一个自己喜欢的号码，如图 6-1 所示。

图 6-1　注册 QQ

2）申请结束后，程序将自动启动 QQ。在登录窗口的相应位置输入账号、密码即可登录 QQ，登录 QQ 后弹出 "QQ 使用窗口"，如图 6-2 所示。

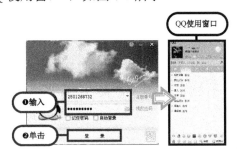

图 6-2　登录 QQ

2. 设置基本信息

单击"QQ 使用窗口"中主菜单的下拉按钮，选择"我的资料"选项，在弹出的窗口中单击"编辑资料"按钮，个人资料信息变为可编辑状态，此时可以进行修改，修改后单击"保存"按钮，如图 6-3 所示。

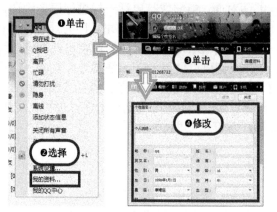

图 6-3　QQ 基本信息设置

3. 添加好友聊天

当用户第一次使用 QQ 时，在 QQ 好友列表中没有任何朋友，成功查找并添加好友后，用户就可以体验 QQ 的各种特色功能了。添加好友的操作步骤如下。

1）单击 QQ 主界面底部的"查找"按钮，弹出"查找"对话框，默认是"找服务"，查找一些生活、工作中所需要的文件，如图 6-4 所示。

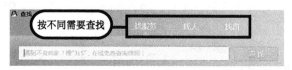

图 6-4　QQ "查找"对话框

2）选择"找人"选项卡，输入账号、昵称、关键词等信息，可对好友进行查找，如图 6-5 所示。

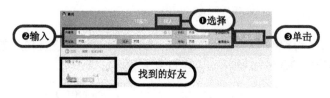

图 6-5　QQ 查找好友

3）找到好友之后选择添加好友，将好友存放到设立的分组中；部分 QQ 用户设置了添加验证功能，需要输入验证信息取得对方的同意后才可以添加成功，如图 6-6 所示。

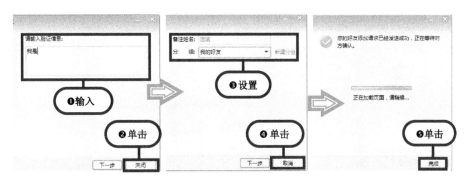

图 6-6　添加 QQ 好友

4）添加完好友后，在 QQ 窗口中就会有好友的头像了，双击好友名称可以与好友进行对话。可以输入要谈话的内容，也可以申请语音聊天、视频聊天等，如图 6-7 所示。

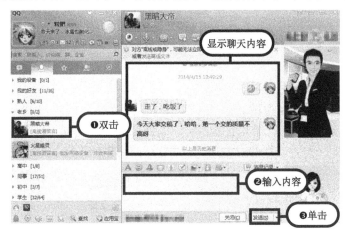

图 6-7　选择 QQ 好友进行聊天

5）删除好友。如果用户要删除某个好友，则可在好友的头像上右击，在弹出的快捷菜单中选择"删除好友"选项即可。或者在好友的头像上右击，在弹出的快捷菜单中选择"移动联系人至"选项，在弹出的下一级菜单中选择"黑名单"选项，即可将其设置为"黑名单"，以后将只能进入用户的空间而无法发表任何回复。

6）分组好友

QQ 列表中有很多朋友，有小学同学、初中同学、同事等，分组显示会方便与人沟通和查找。在能看到好友头像的地方右击，在弹出的快捷菜单中选择"添加分组"选项，会形成一个可以输入组别名称的文本框，在里面输入组名，如"家人"、"朋友"、"小学同学"等，按"Enter"键确认。可以用同样的办法建立其他的组。要修改组名，可以右击该组名，在弹出的快捷菜单中选择"重命名"选项。建立好分组后，把要加入该组的人的 QQ 拖动到新建的组即可。

7）QQ 群

在使用 QQ 时，要与多人交流，可以建立 QQ 群，群主在创建群以后，可邀请朋友或者有共同兴趣爱好的人到一个群中聊天。

4. 修改密码

单击 QQ 主界面上方"　　"右侧的下拉按钮，选择"系统设置"选项，弹出"系统设置"

对话框，在其中进行密码修改和密码保护等操作，如图 6-8 所示。

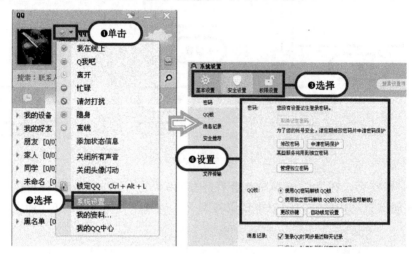

图 6-8　修改 QQ 密码

5. 传输文件

使用 QQ 传送文件有多种方法。

1）利用工具栏：直接找到聊天框工具栏，选择传送文件图标；选择发送文件或文件夹，也可以发送离线文件（对方不在线时发送），如图 6-9 所示。

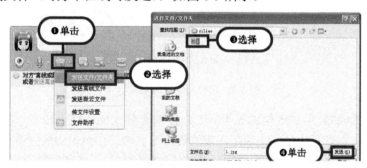

图 6-9　QQ 发送文件

直接拖动文件法：最为方便快捷，只要选中文件拖动至聊天框即可，在聊天框的任意范围均可（可以是打字处、显示聊天记录处，也可以是 QQ 形象处）。

2）传送文件的步骤都会跳出传送状态框。如果对方在线可以直接接收，如果对方不在线或长时间不在线，则可以单击"转离线发送"按钮，文件将会发送到腾讯服务器上保存 7 天，等待对方接收，接收完后会有对方已接收文件的提示。文件即正式传送完毕，如图 6-10 所示。

图 6-10　QQ 发送离线文件

6. 微云

微云是腾讯公司为用户精心打造的一项智能云服务，用户可以通过微云方便地在手机和计算机之间同步文件、推送照片和传输数据。随着网络的发展，微应用将越来越广泛。我们使用 QQ 传送文件非常慢，因为有上传速度限制，QQ 的这个新功能可以实现文件秒传。

单击 QQ 右下角的"文件助手"图标，在弹出的对话框中选择"微云文件"选项后，就可以根据需要选择要上传的东西，可以删除上传的文件或者移动文件，可以得到直接下载地址的链接，发送给朋友让朋友为下载文件进行重命名，可以为上传完成的文件修改自己想要的名称，可以删除不想要的文件，如图 6-11 所示。

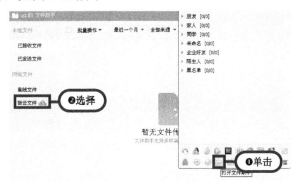

图 6-11　QQ 微云文件

7. 使用 QQ 截图

如果用户需要将当前的屏幕信息发送给好友，则可以使用 QQ 的截图功能。

1）在好友列表中找到要发送的人，双击后出现聊天框，在其右下方单击 按钮，屏幕将进入截图状态。

2）在指定的截图区域处划取截图范围，截取完成后松开鼠标，截取的图片即可出现在聊天框下方的文本框中。

3）单击"发送"按钮即可将截取的图片发送给对方，如图 6-12 所示。

至此，关于 QQ 的基本功能已经讲解完毕，对于这款常用软件，还有很多细小的功能没有介绍到，读者如果有兴趣，可以在日常使用中不断研究，此处不再赘述。

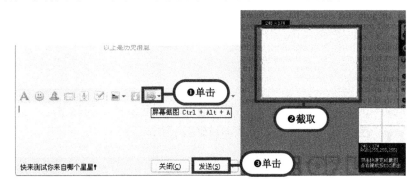

图 6-12　QQ 截图

 知识拓展

1. 腾讯

腾讯是一家民营 IT 企业，成立于 1998 年 11 月 29 日，是中国最大的互联网综合服务提供商之一，也是中国服务用户最多的互联网企业之一。我们熟知的腾讯 QQ、腾讯微博，以及目前全球流行的微信，都属于该公司旗下的产品。

2. 断点续传文件

客户端软件断点续传指的是在下载或上传时，将下载或上传任务（一个文件或一个压缩包）人为地划分为几个部分，每一个部分采用一个线程进行上传/下载，如果碰到网络故障，则可以从已经上传/下载的部分开始继续上传/下载未被上传/下载的部分，而没有必要从头开始，从而节省时间、提高速度。

3. Skype

Skype 是一款网络即时语音沟通工具，其具备即时软件所需的功能，如视频聊天、多人语音会议、多人聊天、传送文件、文字聊天等。它可以免费高清晰地与其他用户进行语音对话，也可以拨打国内国际电话，无论是固定电话，还是手机、小灵通均可直接拨打，并且可以实现呼叫转移、短信发送等功能。

 思考与练习

1. 使用 QQ 软件，设置自己的个性签名。
2. 当用户为隐身状态时，如何设置某些好友可以看到自己？
3. 尝试屏蔽某个群的消息，屏蔽某个人的消息。
4. 开通 QQ 会员功能，实现会员的权利。
5. 使用"QQ 微博"发送微博消息。

任务 6-2 随时随地分享身边的新鲜事——新浪微博

 知识目标

1）通过本任务的学习，了解"新浪微博"在信息即时发布中的应用；
2）学会使用"微博"的常用功能、基本设置、使用技巧。

能力目标

1）通过本任务的学习，掌握"新浪微博"的基本操作方法；
2）能够熟练运用微博来进行关注、发微博、发照片等操作，实现信息的交流和共享。

任务描述

人们生活的节奏越来越快，随时随地需要与人沟通，想要立刻分享自己感悟、吐槽不满的事情，又想要在工作之余快速地了解正在发生的事情，这些需要推动了科技的发展，新的沟通方式——"微博"应运而生。

微博，理解为"微型博客"或者"一句话博客"。用户可以将看到的、听到的、想到的事情写成一句话（不超过 140 个字），也可以同时发布图片，然后通过计算机或者手机随时随地分享给朋友。关注自己的朋友或者粉丝可以在第一时间看到自己发表的信息，随时与自己进行分享、讨论。还可以关注自己的朋友或者感兴趣的特定人群，即时看到他们发布的信息。

 任务完成过程

微博因为其可以方便、快速地分享信息，受到了越来越多人的喜爱。"新浪微博"是由新浪网推出的提供"微博"服务的网站。用户可以通过网页、WAP 页面、手机短信、彩信发布消息或上传图片。本任务将重点介绍新浪微博计算机版的基本使用方法。

1. 注册微博

在使用新浪微博之前，需要注册一个微博账号。注册时可以用手机注册也可以用网页注册，此处以网页登录为例进行讲解。

（1）登录网站

打开新浪网网址，如图 6-13 所示，单击右上角的"微博"按钮，可以进入注册和登录界面。

图 6-13　新浪首页

（2）填写信息

进入注册和登录页面，如图 6-14 所示。

单击"立即注册"按钮，进入注册界面。系统默认以手机号码注册，如果用户想选择以电子邮箱注册，则可单击"用邮箱注册"超链接，此处以手机注册为例。

按照提示要求填写注册信息。在激活码位置，单击"免费获取短信激活码"按钮，系统会免费向用户手机上发送一个验证码，打开手机获得验证码，填写完成后单击"立即注册"按钮，如图 6-15 所示。

2. 登录微博

注册成功后，在刚才的登录界面输入用户名和密码，就可以登录到自己的微博主页，如图 6-16 所示。

图 6-14 注册和登录界面

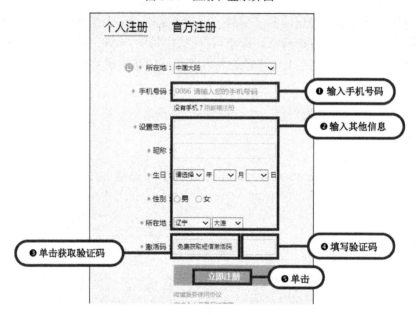

图 6-15 填写注册信息

图 6-16 微博主页

用户可以单击右上角的 ✿ 按钮，选择"账号设置"选项，进入个人"账号设置"界面，对个人账户信息进行简单的设置，如自己的昵称、头像、密码等，如图 6-17 所示。

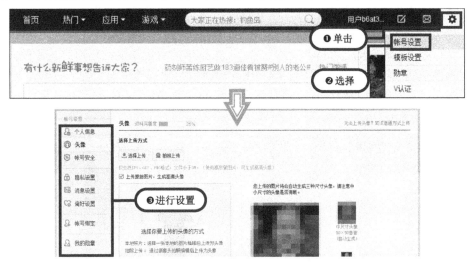

图 6-17 账号设置

3. 添加关注

关注是一种单向、无须对方确认的关系，只要喜欢就可以关注对方，类似于添加好友。添加关注后，系统会将该网友所发表的微博内容，立刻显示在自己的微博首页中，使自己可以及时了解对方的动态。

（1）添加关注

用户登录后，选择"首页"选项卡，进入"我的首页"，在搜索文本框中输入想要关注的人群分类，如"娱乐"，然后单击"搜索"按钮，开始搜索，如图 6-18 所示。

图 6-18 搜索

找到要关注的人群，单击"加关注"按钮后，进入"关注成功"界面，将这个关注的微博进行分组后单击"保存"按钮，即关注成功。当该微博再发布信息时，消息就会显示在自己的首页中了，如图 6-19 所示。

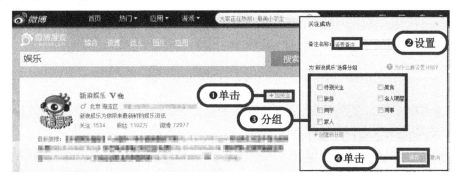

图 6-19 添加微博关注

（3）取消关注

当对某网友失去关注兴趣时，可以取消对其的关注。下面以取消刚刚添加关注的"娱乐"为例进行说明。

在"我的首页"的右侧，单击"关注"按钮。在弹出的页面中会列出所有关注的人的图标，将鼠标指针移动到要取消关注的图标上，关注的微博后会出现"取消关注"按钮，单击"取消关注"按钮后，系统提示"确认要取消对新浪娱乐的关注吗？"，单击"确定"按钮即可取消关注，如图 6-20 所示。

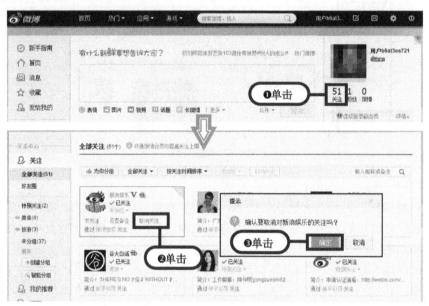

图 6-20　取消关注

4. 发表微博

1）在"我的首页"登录界面的上方有一个发布微博信息的文本框，如图 6-21 所示。

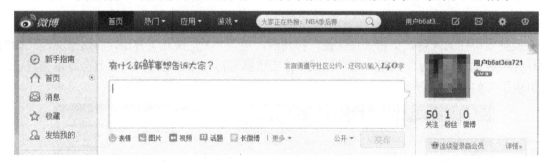

图 6-21　发布微博信息的文本框

2）在文本框中输入"今天天气不错，心情也挺好的"，然后单击"发布"按钮，如图 6-22 所示。发布成功后系统会提示"发布成功"。

这里需要注意的是，在文本框中发表的内容最多是 140 个汉字，一条微博内也可以上传多张图片，如果想要发表文字超过 140 个字以上，则可以单击"长微博"按钮进行撰写，完成后是一张图片性质的微博，不受字数限制。

图 6-22　发布微博信息

3）除了文字和图片外，还可以单击文本框下方的"表情"、"视频"或"话题"按钮来发表，如图 6-23 所示，用户可以自由编辑。

图 6-23　添加其他发表内容

5. 微博互动

微博的互动功能十分强大，也十分方便，这里主要介绍微博的"评论"、"转发"、"私信转发"以及"@"功能。

（1）评论

当我们想对感兴趣的微博内容进行评论时，单击微博下方的"评论"按钮，页面会出现评论输入框，在评论的同时，可以勾选"同时转发到我的微博"复选框，这条微博就会出现在自己的微博中，我的粉丝就可以看到，如图 6-24 所示。

如果感觉这条微博很有用，则可以单击这条微博下方的"收藏"按钮，将这条内容收藏到"我的收藏"中，随时可以查看。

图 6-24　微博评论

常用工具软件

（2）转发

当对某条微博很感兴趣时，可以直接转发到自己的微博中。在微博右下方有"转发"按钮，单击后弹出窗口，可以对转发内容发表自己的意见，也可以什么也不说直接转发。勾选"同时评论给一个人去旅行"复选框，这样转发时也可以将转发内容同时评论到对方的微博中。单击"转发"按钮，转发成功，如图6-25所示。

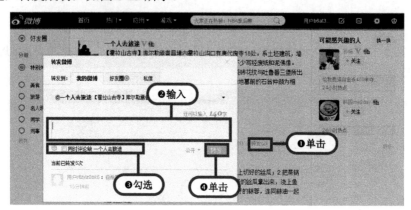

图6-25　微博转发

（3）私信聊天

私信，就是在微博上与好友说悄悄话，只要对方开放了私信功能，并且是自己关注的或者自己的粉丝，就可以与其发私信，私信内容长度最多为300个汉字。

在页面上选择"首页"选项卡，在左侧的工具栏选择"消息"选项，然后在显示的"消息"选项列表中选择"发私信"选项，此时弹出"发私信"对话框。填入发送人的昵称，发送内容，单击"发送"按钮，私信就可以成功发送，如图6-26所示。

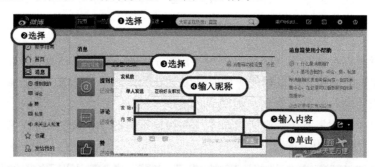

图6-26　私信聊天

另外，也可以在右侧的成员列表中双击要与之对话的成员的头像，弹出发私信窗口，单击"发送"按钮之后，微博就会把消息传递给收件人。图6-27所示为私信聊天窗口。

（4）@功能

当我们想对某个人说话时，也可以使用"@功能"。@在微博中的意思是"跟某某人说话"。当输入@后系统会自动提示用户关注的人的昵称，选择好要发送的人后，加空格再输入要说的内容，就可以发送信息。

例如，要发送给"微博小秘书"，可以在发布文本框中输入"@微博小秘书 你好"，完成后单击"发布"按钮，如图6-28所示。

图 6-27 私信聊天窗口

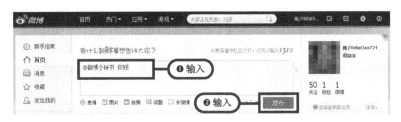

图 6-28 微博 "@功能" 的使用

需要注意的是，@功能只能对加关注的人使用，虽然对微博小秘书不加关注也可以使用@功能，但是对其他普通用户不能使用该功能。

至此，关于新浪微博在计算机上的基本操作已经讲解完毕，关于其他操作，若读者感兴趣可以自行研究。新浪微博在手机上的注册网址是 "http://t.sina.cn"，操作方法与计算机上的操作类似，这里不再重复讲解。

 知识拓展

1. 博客

博客又译为网络日志，是一种通常由个人管理、不定期张贴新的文章的网站。"博客"上的文章通常根据张贴时间，以倒序方式由新到旧排列。一个典型的"博客"结合了文字、图像、其他"博客"或网站的超链接及其他与主题相关的媒体。能够让读者以互动的方式留下意见，是许多"博客"的重要因素。"博客"是社会媒体网络的一部分。比较著名的博客有新浪博客、网易博客、搜狐博客等。

2. "微博"发展史

最早也是最著名的"微博"是美国 Twitter。2006 年 3 月，"博客"技术先驱推出了"大微博"服务。2005 年从校内网起家的王兴，于 2007 年 5 月创建了"饭否网"。2007 年 8 月 13 日"腾讯滔滔"上线。2009 年 7 月中旬开始，国内大批"微博"产品（"饭否"、"腾讯滔滔"等）停止运营。2009 年 8 月中国门户网站新浪推出"新浪微博"内测版，成为门户网站中第一家提供"微博"服务的网站，"微博"正式进入中文上网主流人群视野。2013 年上半年，"新浪微博"注册用户达到 5.36 亿，2012 年第三季度"腾讯微博"注册用户达到 5.07 亿，"微博"成为中国

网民上网的主要活动之一。

3. 腾讯微博

"腾讯微博"是一个由腾讯公司推出，提供"微型博客"服务的类 Twitter 网站。用户目前可以通过网页、手机、QQ 客户端、QQ 空间以及电子邮箱等途径使用"腾讯微博"。

4. 发送"微博"的方式

目前，"新浪微博"共有六种方式发出微博：计算机发微博；手机绑定短信/彩信发微博；聊天软件 Gtalk、UC 发表；关联博客发表；评论；通过手机 WAP、客户端发表。

思考与练习

1. 注册"微博"账号，并发表"微博"信息，适当添加表情，图片。
2. 对关注的"微博"发表评论，并对自己感兴趣的"微博"信息进行转发。
3. 尝试录制语音微博。
4. 试着发送带有视频的微博。
5. 对于超过 140 字的微博，尝试使用其他方式在一个微博内容中发送。

任务 6-3　微信——一种生活方式

知识目标

1）通过本任务的学习，了解微信的发展史及其相关知识；
2）掌握微信的使用方法及操作技巧。

能力目标

1）通过本任务的学习，能够自主注册微信账号，并通过各种方式查找联系人；
2）能够实现与好友之间的语音聊天，发朋友圈，适应现代生活方式。

任务描述

科技随着人类的需求而不断进步，电话的发明，使千里传音成为可能；手机的出现，让随时随地沟通成为现实。互联网时代，诞生了诸如 QQ 之类的网络聊天工具，后来发展为语音聊天、视频聊天。然而移动终端的普及，一款基于网络的、可以用手机登录的即时聊天软件成为人类最大的需求。

微信（WeChat）是腾讯公司于 2011 年初推出的一款为智能手机提供即时通信服务的免费应用程序，能够通过手机网络给好友发送语音、文字消息、表情、图片和视频，还可以将用户看到的精彩内容分享到朋友圈。截至 2021 年 1 月，其注册用户量已经拥有 9.84 亿，是亚洲地区最大用户群体的移动即时通信软件，是值得中国人骄傲的国产品牌。本任务主要介绍微信的注册、好友的添加、微信聊天等。

 任务完成过程

微信主要分为安卓版本和苹果版本，以下以苹果系统为例进行讲解。

1. 注册微信

微信与所有即时聊天软件一样，需要注册与登录。但相对于其他即时聊天软件，微信的注册和登录更加方便。如果拥有 QQ 账号，则可以不需要注册而直接使用 QQ 账号登录微信。

如果不想使用 QQ 账号登录，则可以用手机号码进行快捷注册，如图 6-29 所示。选择所在的国家，输入手机号码，单击"注册"按钮，此时会弹出"填写验证码"对话框。将手机收到的验证码填写到验证码输入栏中，单击"提交"按钮即可。注册成功之后，即可拥有一个微信账号。

图 6-29　手机注册微信

2. 登录"微信"

登录"微信"后，主界面下方有四个功能选项卡："微信"、"通信录"、"发现"、"我"。界面上方是最近几次的聊天列表，如图 6-30 所示。

图 6-30　微信主界面

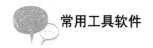

3. 添加微信联系人

单击右上角的 ➕ 按钮，在弹出的下拉列表中选择"添加朋友"选项，在"添加朋友"对话框中选择要添加好友的方式，从而添加好友，如图 6-31 所示。

图 6-31 添加微信联系人

4. 扫一扫

扫一扫是添加好友的另一种快捷方式。扫描联系人的二维码信息，就可以加其为好友。也可扫描二维码、条形码、封面以及中英文字句，以获得相应信息，如扫描二维码可获取二维码名片、二维码链接网址等；扫描商品条形码可获取价格比对信息；扫描书籍、CD 封面可获取相应信息等，如图 6-32 所示。

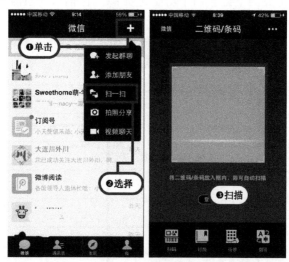

图 6-32 扫一扫

5. 微信聊天

（1）单人聊天

选择主界面中的"通信录"选项卡，可查看微信通信录列表，在列表中单击要聊天的联系人，在弹出的对话框中单击"发消息"按钮，系统会自动进入聊天界面，如图 6-33 所示。

用户可以单击 ⊞ 按钮输入要发送的信息，也可以按住"按住说话"按钮进行语音通话，同时可以单击 ☺ 按钮，在聊天过程中添加表情，或者单击 ＋ 按钮添加图片及视频等。

（2）发起群聊

选择主界面中的"微信"选项卡，然后单击左上角的 ＋ 按钮，在弹出的下拉列表中选择"发起群聊"选项，如图 6-34 所示。

图 6-33　单人聊天

图 6-34　发起群聊

6. 朋友圈

用户可以通过朋友圈发表文字和图片，也可通过其他软件将文章或者音乐分享到朋友圈。用户可以对好友新发表的分享进行"评论"或"赞"，但是只能看到自己好友的"评论"或"赞"。

选择"朋友圈"选项显示好友近期分享，单击 ⊞ 按钮可对好友分享进行评论或者点赞，长按内容可复制。单击 ◙ 按钮可发表带照片的分享，长按 ◙ 按钮可发表文字分享，如图 6-35 所示。

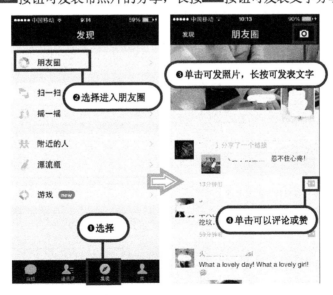

图 6-35　朋友圈

至此，关于微信的基本功能已经讲解完毕，作为广受欢迎的软件，微信还有许多其他功能，如漂流瓶、语音记事本、游戏中心、微信电子银行等，感兴趣的读者可以继续深入研究。

知识拓展

1. 指定微信好友看自己的朋友圈

我们在微信朋友圈分享的内容，想使一部分人看不见，但是又想看到他们分享的内容，此时可以在微信朋友圈给好友分组，发布的时候，指定好友分组可见，这样即可达到这样的效果。如果不想让某人看见朋友圈，则可以单击这个人的头像，进入其资料设置，对其进行"不让他（她）看我的朋友圈"设置。

2. 加入黑名单

如果不想接收某个人的任何消息（发送消息、朋友圈），可以单击这个人的头像，进入其资料设置，对其进行"加入黑名单"设置。

3. 订阅号和服务号

订阅号可以每天发送一条信息，这些信息都存放在订阅号文件夹中，不强制推送；服务号可以每月发送一条信息，信息都展示在聊天列表中，下发信息时即时提醒用户。

4. 费用

微信软件本身完全免费，使用任何功能都不会收取费用，使用微信时产生的上网流量费用由网络运营商收取。

思考与练习

1. 使用微信跟好友一起玩游戏。
2. 转发别人的朋友圈内容到自己的分享中。
3. 使用微信进行少量资金的理财。
4. 使用微信的支付功能支付账单。

模块学习效果评价表

学习效果评价表						
	内　容		评 定 等 级			
	学 习 目 标	评 价 项 目	A	B	C	D
职业能力	熟练运用QQ软件与特定的人员进行聊天，会对QQ软件进行常用操作	能独立申请新的QQ号码并对QQ进行简单设置				
		能够添加、删除好友等，并与好友进行聊天，截屏交流				
		能够运用多种方法与好友间进行传送文件、接收文件操作				
	掌握"新浪微博"的基本操作方法，实现信息的交流和共享	能使用@功能与特定人员交流				
		能发表微博、发表评论、转发微博、发私信				
		能够添加、取消好友关注				

学习效果评价表						
	内　　容		评定等级			
	学习目标	评价项目	A	B	C	D
职业能力	掌握微信的使用方法和操作技巧	能够使用不同方法查找联系人，关注特定的订阅号或服务号				
		能够与好友之间进行语音、视频聊天，发朋友圈				
		能够发起多人群聊				
通用能力	交流表达能力					
	与人合作能力					
	沟通能力					
	组织能力					
	活动能力					
	解决问题的能力					
	自我提高的能力					
	革新、创新的能力					
综合评价						

模块 7

云 办 公

任务 7-1 云存储——百度云管家

知识目标

1）通过本任务的学习，了解"云存储"的概念；
2）简单了解同类"云存储"产品及相关知识；
3）熟练掌握"百度云管家"对文件进行上传和下载的基本方法。

能力目标

1）通过本任务的学习，能够在"百度云管家"中进行文件的上传操作；
2）领会"百度云管家"对已上传文件的管理；
3）熟练使用"百度云管家"对其中已上传的文件进行下载操作。

任务描述

计算机与网络的结合就是为用户提供便捷的使用，两者的结合一定要让用户有良好的体验感，才能有发展。但是网络中的数据往往存储在计算机中，要想在多个地方，或者在多个计算机上使用，就必须使用移动存储设备进行数据存储和转移。

虽然通过移动存储设备能解决这个问题，但是携带的不方便又困扰着用户，再加上市场上各种存储设备的容量和质量参差不齐，如果移动存储设备容量不够大，或者保存数据由于设备质量差而导致了丢失，将会十分麻烦。而"百度云管家"可以很好地解决这个问题。

 任务完成过程

用户可以使用"百度云管家"，把自己需要备份和携带的资料放入百度服务器，并且对已经上传的文件进行合理的管理。这样，无论使用者在任何地点，只要能联网，就可以打开百度云管家，随时随地下载自己已经上传的文件。

1．注册账号

在使用百度云管家之前，需要用户注册一个账户，通过账户登录，实现对百度云管家的独立操作。

1）"百度云管家"正确安装之后，进入百度云管家起始界面，单击"立即注册百度账号"按钮，如图 7-1 所示。

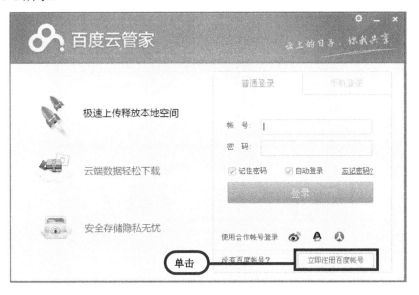

图 7-1　百度云管家起始界面

2）进入注册界面，选择"邮箱注册"选项卡，填写相关信息，单击"注册"按钮，获得百度账号，如图 7-2 所示。

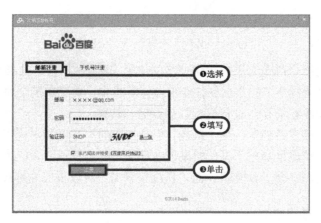

图 7-2　百度账号注册界面

2. 启动百度云管家

获得百度账号后，正式启动百度云管家。

1）在登录界面中输入账号和密码，勾选"记住密码"和"自动登录"复选框，然后单击"登录"按钮，如图 7-3 所示。

2）百度云管家的主界面如图 7-4 所示。

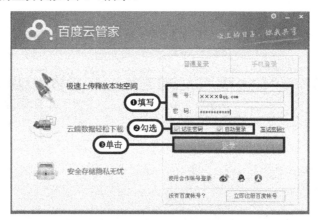

图 7-3　百度云管家登录界面

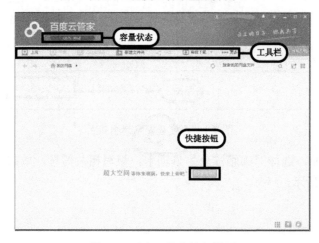

图 7-4　百度云管家的主界面

3. 上传文件

用户要把自己计算机指定位置上的指定文件上传到百度云管家中的具体操作如下。

1）在主界面中单击"上传文件"按钮，如图 7-5 所示。

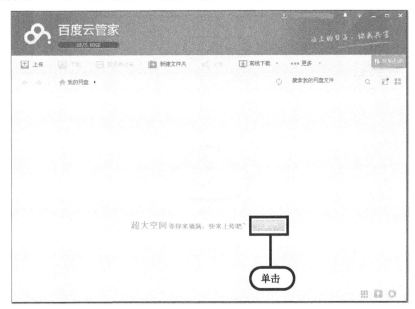

图 7-5 百度云管家上传主界面

2）用户在弹出的"请选择文件/文件夹"对话框中选择自己所需要上传的文件，然后单击"存入百度云"按钮，如图 7-6 所示。

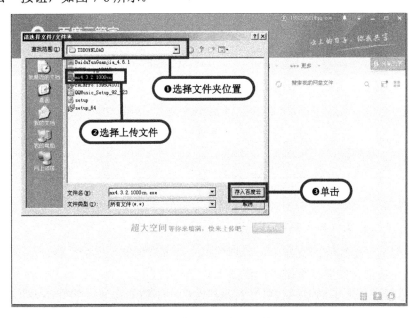

图 7-6 百度云管家上传文件界面

3）上传过程中，界面上方会出现上传的进度条，方便用户了解上传状态，如图 7-7 所示。

4）上传成功后，界面会以图标的形式显示已经上传的文件，如图 7-8 所示。

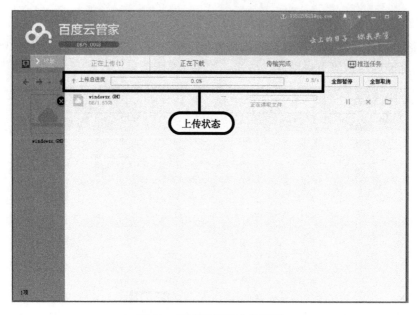

图 7-7　百度云管家上传过程

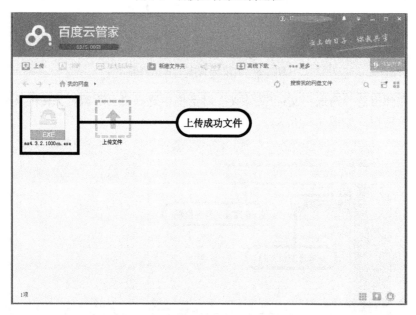

图 7-8　百度云管家文件上传成功

4. 下载百度云管家中的文件

用户在任何一台能联网的机器上，若想使用"百度云管家"中的文件，就必须使用"百度云管家"对已上传的文件进行下载，操作如下。

1）选择已经上传成功的文件，单击工具栏中的"下载"按钮，如图 7-9 所示。

2）在弹出的"设置下载存储路径"对话框中，根据需求选择指定的下载位置，然后单击"下载"按钮，如图 7-10 所示。

3）下载过程中，界面上方会出现下载的进度条，方便用户了解下载状况，如图 7-11 所示。

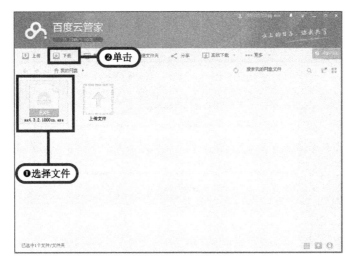

图 7-9　百度云管家下载界面

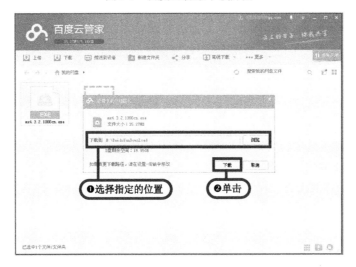

图 7-10　百度云管家下载地址设置

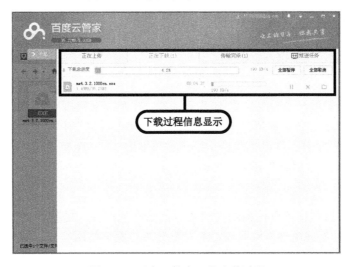

图 7-11　百度云管家下载文件过程

4）下载成功后，单击"传输完成"按钮，查看下载完成的文件，文件以图标形式显示，如图7-12所示。

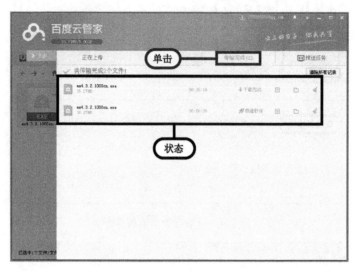

图7-12　百度云管家下载成功

知识拓展

1. 云计算

云计算是基于互联网的相关服务的增加、使用和交付模式，通常涉及通过互联网来提供动态易扩展且经常是虚拟化的资源。"云"是对网络、互联网的一种比喻。云计算可以让用户体验每秒10万亿次的运算能力，用户通过计算机、手机等方式接入数据中心，按自己的需求进行运算。

2. 云存储

云存储，是在"云计算"概念上延伸和发展出来的一个新的概念，是指通过集群应用、网格技术或分布式文件系统等功能，将网络中大量各种不同类型的存储设备通过应用软件集合起来协同工作，共同对外提供数据存储和业务访问功能的一个系统。云存储就是将存储资源放到"云"上供人存取的一种新兴方案。使用者可以在任何时间、任何地方，通过任何可联网的装置连接到云上方便地存取数据。

3. 微云

"微云"是云计算的一个分支，是指"云计算"在个局部范围中的某些应用，它就像"微博"一样，使用简单、方便、快捷。"微云"也可以是"云计算"中一个小领域的应用，如"家庭云"。2013年8月29日，腾讯"微云"正式宣布推出10TB免费"云空间"的重磅服务，此举使得个人云存储从"G时代"进入"T时代"。

4. 天翼云

"天翼云"是中国电信旗下面向最终消费者的云存储产品，是基于"云计算"技术的个人和家庭云数据中心，能够提供文件同步、备份及分享等服务的网络云存储平台。用户可以通过网页、PC客户端及移动客户端随时随地的把照片、音乐、视频、文档等轻松地保存到网络，无需担心文件丢失。通过"天翼云"，多终端上传和下载、管理、分享文件变得轻而易举。

思考与练习

1. 使用"百度云管家"对计算机中指定位置的指定文件进行上传操作，并更改已上传文件的名称。

2. 熟练掌握"百度云管家"的文件下载功能，通过此功能将原本已上传的文件下载到本地硬盘指定的路径位置上。

任务 7-2 云编辑——有道云笔记

知识目标

1）通过本任务的学习，了解"云编辑"的相关概念及内涵、突出特点及优越性；
2）简单了解同类"云编辑"产品的特点；
3）掌握"有道云笔记"的基本使用方法和技巧。

能力目标

1）通过本任务的学习，能够在"有道云笔记"上建立一个新笔记；
2）能够在"有道云笔记"上进行书写、编辑和保存。

任务描述

云存储已经大幅度地增加了计算机与网络带给我们的便捷性，但是如果能有一款软件不用下载，能在服务器上直接进行编写就更好了，再加上同一账号能在不同平台享受同样效果就更完美了。

这种美好愿望其实已经实现了，这种技术就称之为云编辑技术。而本任务所讲述的"有道云笔记"，就是云编辑技术的佼佼者。

任务完成过程

"有道云笔记"简单来看只是一个架构在计算机和网络中的笔记簿，很多人觉得这种方式多此一举，因为 Word 强大的功能使这个电子笔记簿显得很单薄。但是有道云笔记可以在线新建、编辑和保存，而且不管是计算机、手机还是 PAD，只要拥有有道云笔记客户端，并且使用同一账号，笔记内容完全可以共享、编辑和同步。

1. 注册账户

要想正式运行有道云笔记，首先用户需要注册一个账号。

1）正确安装"有道云笔记"后，启动"有道云笔记"，单击"注册"按钮，如图 7-13 所示。

常用工具软件

2）进入注册界面，用户需要填写"邮箱地址"、"密码"、"验证码"等相关注册信息，勾选相关复选框，然后单击"注册"按钮，如图7-14所示。

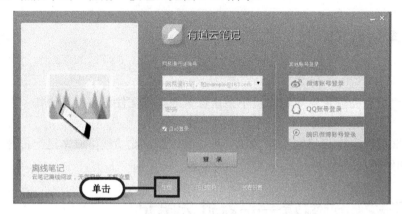

图7-13　有道云笔记登录及注册界面

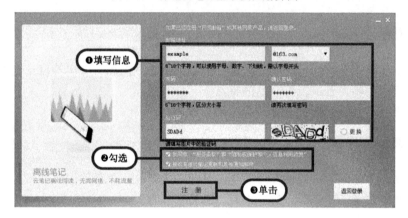

图7-14　有道云笔记注册界面

2. 启动有道云笔记

获得有道云笔记的账号和密码后，可以正式启动有道云笔记。

1）在登录界面中输入正确的账号和密码，勾选相关复选框，然后单击"登录"按钮，如图7-15所示。

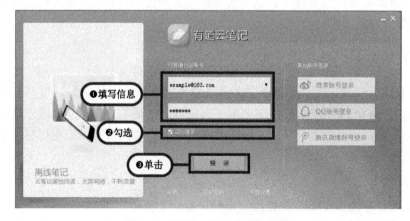

图7-15　有道云笔记登录主界面

2）进入初次登录有道云笔记的主界面，如图 7-16 所示。

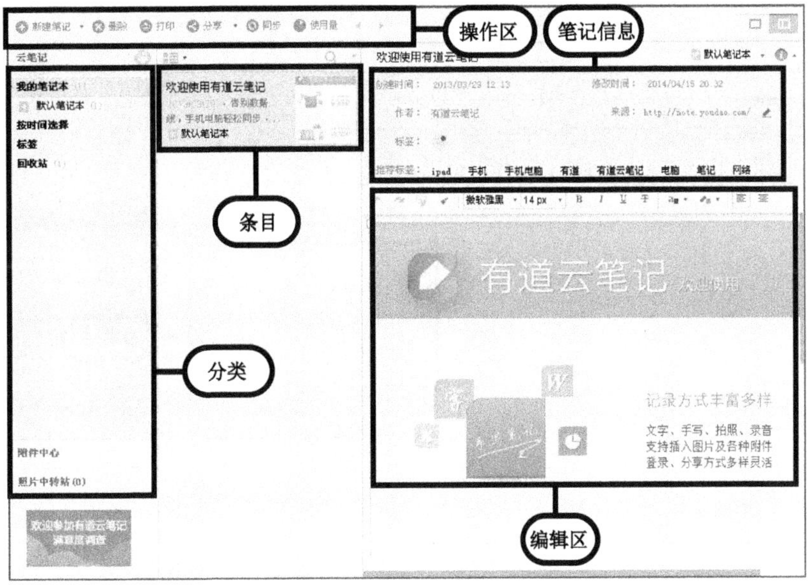

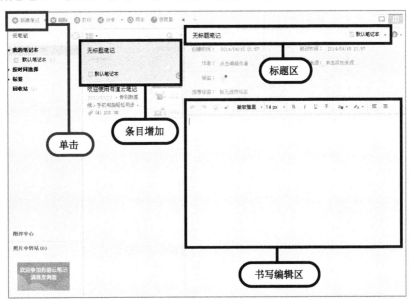

图 7-16 有道云笔记主界面

3. 新建笔记

单击"新建笔记"按钮，有道云笔记自动生成新的笔记，如图 7-17 所示。

图 7-17 有道云笔记创建新笔记

4. 同步保存

书写完成之后，单击"同步"按钮，对书写内容进行同步保存和更新，如图 7-18 所示。

5. 删除笔记

如果用户对已写的笔记不满意，可以在"条目区域"中选择文档标题，然后单击"删除"

按钮进行删除，如图 7-19 所示。删除完成后，界面会恢复到初始状态。

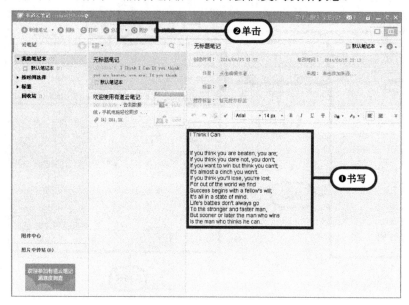

图 7-18　有道云笔记同步保存

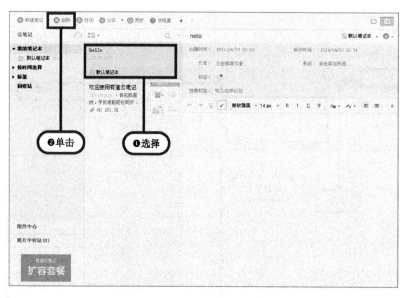

图 7-19　有道云笔记删除文件成功

 知识拓展

1. 云编辑

云编辑，就是依托网络技术，充分利用资源"云"，按照既定的编辑思想和编辑规划实施资源获取、分类、组织、整理、编辑加工并对产品进行动态更新与维护的一种技术。在有道云笔记中有一个功能是"同步保存"，其使用户可在任何一个平台，如计算机、手机或者 Pad，使用同一个账号对其账号内的笔记进行更新、删除或新建，同步保存之后换为另一个平台也能看到最新效果的笔记。

2. 多人在线编辑软件

腾讯文档和金山文档是目前使用比较普遍的可多人同时编辑的在线文档，支持在线 Word/Excel/PPT/PDF/收集表/思维导图/流程图多种类型。可以在计算机端（PC 客户端、网页版）、移动端（App、微信/QQ 小程序）、iPad 等多类型设备上随时随地查看和修改文档。打开网页就能查看和编辑，云端实时保存，权限安全可控。

问卷星，是一个专业的在线问卷调查、考试、测评、投票平台，可提供功能强大、人性化的在线设计问卷、采集数据、自定义报表、调查结果分析等系列服务。

3. 云办公

云办公，指基于云计算应用模式的办公平台服务。在云平台上，所有的办公设备、办公咨询策划服务商、设备制造商、行业协会、管理机构、行业媒体、法律结构等都集中整合成资源池，各个资源相互展示和互动，按需交流，达成意向，从而降低成本，提高效率。或者简单理解为以"办公文档"为中心，为政企提供文档编辑、存储、协作、沟通、移动办公、工作流程等云端服务。

 思考与练习

1. 使用已有的 QQ 账号或者微博账号登录"有道云笔记"。

2. 在"有道云笔记"中创建一个"学习"笔记。

3. 熟练掌握"有道云笔记"中的"云编辑"功能，对已经创建的笔记进行书写、更新、同步保存等操作。

模块学习效果评价表

学习效果评价表						
内　　容				评 定 等 级		
学 习 目 标		评 价 项 目	A	B	C	D
职业能力	能熟练掌握使用百度云管家对文件进行管理	能按要求申请百度云管家账号				
		能根据需求对文件进行上传操作				
		能对在百度云管家中的文件进行下载				
	能使用有道云笔记对文档进行文件云编辑	能按要求申请有道云笔记账号				
		能在有道云笔记中建立新的笔记				
		对有道云笔记进行同步编辑和保存				
通用能力	交流表达能力					
	与人合作能力					
	沟通能力					
	组织能力					
	活动能力					
	解决问题的能力					
	自我提高的能力					
	革新、创新的能力					
综合评价						

模块 8

数码产品及移动设备连接和数据传输

知识目标

➤ 通过本模块的学习，了解常见的移动设备管理软件；
➤ 掌握手机、打印机、扫描仪辅助软件的使用方法，能够更好地为生活、学习服务。

能力目标

➤ 了解手机助手的基本使用方法，能够对手机内的资料进行管理；
➤ 熟练运用手机助手下载软件和游戏，并会对手机进行必要的安全性维护；
➤ 熟练运用软件对照片进行有效打印，对图片进行扫描。

任务 8-1 智能手机的同步管理工具——豌豆荚

知识目标

1）通过本任务的学习，了解管理智能手机的常用软件；
2）掌握使用豌豆荚软件管理智能手机的一般方法和技巧。

能力目标

1）通过本任务的学习，学会使用智能手机软件对手机中的图片、音乐、视频等进行必要的删除、添加、导出等操作；
2）能够管理手机短信、联系人，并实现短信群发、联系人合并；
3）了解手机备份、清理的基本方法，能够安装手机软件和游戏，并下载有用资源。

任务描述

随着科技的发展，手机已经成为人们生活的必需品。现在的手机已经不仅仅是传统意义上与人沟通的设备，而是智能手机，可以翻阅电子书籍、拍照、录像等，手机已经成为人们休闲娱乐必不可少的工具。因而用户往往需要一款有效的软件，协助用户做好手机内各种资源的管理。

手机助手是智能手机的同步管理工具，可以很方便地使用计算机管理手机，更安全便捷地下载和安装自己喜欢的应用程序，随时备份还原手机中的重要数据。通过手机助手可以轻松下载、安装、管理手机资源，方便管理应用程序。

 任务完成过程

本任务以豌豆荚软件的使用为例进行讲解。

1. 管理手机图片

1）启动豌豆荚软件，使用手机自带的 USB 连接线连接手机。首次连接时软件会提示是否需要绑定手机，用户可以根据自己的需要选择，这里单击"绑定"按钮，如图 8-1 所示。

图 8-1　询问是否绑定手机

2）进入豌豆荚主界面，如图 8-2 所示。

图 8-2　豌豆荚主界面

3）查看图片。单击功能区域中的"我的图片"按钮，进入图片管理界面。单击"手机相册"按钮，预览窗口会以缩略图形式显示手机相机中的照片。单击"图片库"按钮，会显示手机图片库中的所有图片，如图 8-3 所示。

图 8-3　浏览图片

4）删除图片。单击需要删除的图片，被单击的图片左下方会出现"☑"，表示图片选中成功，再次单击会释放选择。在选中图片状态下，单击操作区域的"删除"按钮，将图片删除，如图 8-4 所示。

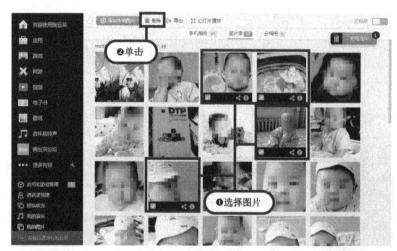

图 8-4　删除图片

5）添加本地图片。单击"图片库"按钮，将其作为添加图片的目标位置。单击操作区域的"添加本地图片"按钮，在弹出的对话框中单击"添加文件"按钮，弹出"打开"对话框，选择需要添加的文件，单击"打开"按钮，将本地图片添加到手机中，如图 8-5 所示。

6）导出图片。选择需要导出的图片，然后单击操作区域的"导出"按钮，在弹出的"浏览文件夹"对话框中，设置导出路径，单击"确定"按钮导出图片，如图 8-6 所示。

7）以同样的方法，单击功能区域的"我的音乐"和"我的视频"按钮，同样可以完成手机中音乐、视频的删除、添加和导出，如图 8-7 所示。

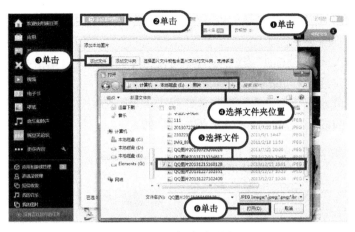

图 8-5　添加本地图片

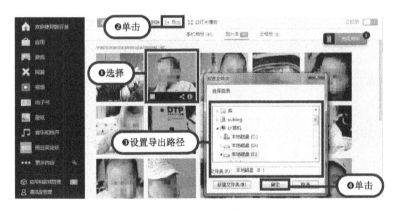

图 8-6　导出图片

图 8-7　音乐和视频的管理

2．管理通信录

1）新建联系人。单击功能区域的"通信录管理"按钮，在操作区域中单击"新建联系人"按钮，在右侧区域中填写联系人信息，然后单击"保存"按钮，完成新建联系人的操作，如图 8-8 所示。

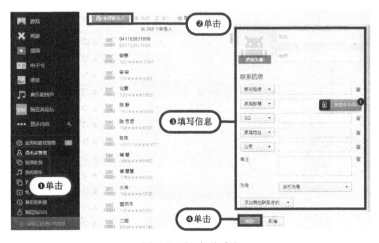

图 8-8　新建联系人

131

2）删除联系人。选择需要删除的联系人，单击操作区域的"删除"按钮，在弹出的"提示"对话框中单击"确定"按钮。

3）合并联系人。使用"Ctrl"键选中两个需要合并的联系人，单击操作区域的"合并"按钮，弹出合并确认对话框，单击需要删除的联系人信息后的 <img> 按钮，然后单击"保存"按钮，两个联系人信息即可被合并为没有被删除的联系人信息，如图8-9所示。该操作适用于手机中保存了一个联系人的多个信息，需要只保留一个的情况。

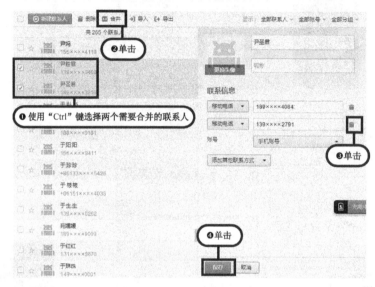

图8-9　合并联系人

3. 管理手机短信

1）群发短信。单击功能区域中的"短信收发"按钮，单击操作区域中的"发短信"按钮，在弹出的"发送信息"对话框中，单击"添加联系人"按钮，在弹出的"添加联系人"对话框中选择一个或多个联系人，单击"确定"按钮。返回"发送信息"对话框，编辑短信内容，编辑完毕后，单击"发送"按钮，短信发送成功，如图8-10所示。

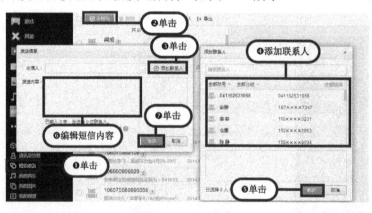

图8-10　群发短信

2）删除短信。选择需要删除的一条或多条短信息，单击操作区域的"删除"按钮，即可对短信进行批量删除。

4．卸载手机中的软件

单击功能区域中的"应用和游戏管理"按钮，手机内安装的软件就会显示在右侧预览区域，选择需要删除的软件，单击操作区域的"卸载"按钮，即可将软件顺利删除，如图 8-11 所示。

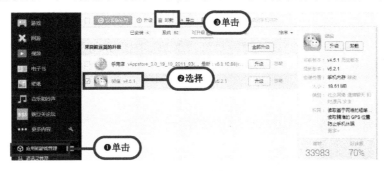

图 8-11　卸载软件

5．备份和恢复

1）单击功能区域中的"备份和恢复"按钮，弹出如图 8-12 所示的窗口。

图 8-12　手机备份和恢复

2）将鼠标指针移动到"备份"按钮上，会出现"备份到电脑"和"备份到云端"两个选项，这里选择"备份到电脑"按钮。

3）进入备份界面，单击"开始备份"按钮，手机内的"联系人"、"短信"、"应用程序"开始备份，界面会以进度条形式显示备份进度，备份完成后单击"完成"按钮即可。

6．手机清理

1）单击功能区域中的"豌豆洗白白"按钮，进入如图 8-13 所示的界面。

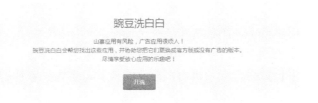

图 8-13　豌豆洗白白界面

2）单击"开洗"按钮，进行手机清理。

7. 下载资源

1）单击功能区域中的"音乐和铃声"按钮，预览窗口会显示网络中的音乐，用户可以根据自己的需要进行检索，也可以选择页面分类中提供的音乐，如图8-14所示。

图8-14　音乐和铃声

2）单击需要下载的音乐后面的 按钮，音乐会自动下载到手机音乐文件夹。

3）以同样的方法，单击"游戏"、"网络"、"视频"、"电子书"、"壁纸"按钮可以下载相应的网络资源。

知识拓展

1. 百度手机助手

百度应用现已正式升级为百度手机助手。百度手机助手是Android手机系统的一个资源平台，拥有大量的应用、游戏资源，可帮助用户搜索、下载、管理各种资源。

2. XY苹果助手

XY苹果助手是建立在"优化用户手机内存容量、提供最新iPhone/iPad游戏和应用下载"的核心需求之上，以App为载体的手机应用平台。

3. 腾讯手机管家

腾讯手机管家是腾讯公司旗下的一款永久免费的手机安全与管理软件。其功能包括病毒查杀、骚扰拦截、软件权限管理、手机防盗及安全防护、用户流量监控、空间清理、体检加速、软件管理等高端智能化功能。

思考与练习

1. 使用豌豆荚手机助手，下载喜欢的个性铃声。
2. 使用豌豆荚手机助手，对手机内的短信、通信录进行清理。
3. 使用豌豆荚手机助手，对手机内不需要的音乐、录像、照片进行删除。

任务 8-2 照片打印和扫描——Canon Solution Menu EX

 **知识目标**

1）通过本任务的学习，了解关于打印及扫描外设的基本知识；

2）掌握使用打印机、扫描仪进行照片打印和扫描的基本方法和设置技巧。

 能力目标

1）了解纸张类型、主流生产商、打印及扫描的相关知识；

2）熟练运用打印机对照片进行打印，并进行必要的效果处理；

3）能够使用扫描仪进行简单的图片扫描。

 任务描述

对于一般文档的打印，可以通过文档编辑软件轻松实现。但是对于某些摄影爱好者，或是有特殊打印需求的用户来说，需要一款专门针对打印的协助软件。Canon Solution Menu EX 是佳能公司生产的硬件驱动自带的一款软件，其中集合了图片打印软件 Easy-PhotoPrint EX 和扫描软件 Canon MP Navigator EX，这两款软件方便、快捷，能够使用户获得高质量的照片打印效果和轻松的扫描体验。

任务完成过程

本任务以佳能 MP288 打印扫描一体机为例，进行打印和扫描软件的讲解，用户需安装该机型自带的驱动软件。

1. 照片打印

1）启动佳能照片打印助手 Easy-PhotoPrint EX，首先进入"菜单"页面，如图 8-15 所示。单击"照片打印"按钮，进入"选择图片"操作界面。

2）选择图片。在文件夹列表中，选择照片所在的文件夹，此时文件夹内的照片会以缩略图的形式在列表右侧显示。选择需要打印的照片，该照片会自动添加到下方的选择照片预览框中，如图 8-16 所示。

3）选择纸张。单击"选择纸张"按钮，进入纸张设置页面，在"纸张尺寸"列表框中选择"A4"纸，在"介质类型"列表框中选择"光面照相纸"。用户也可以根据需要选择其他尺寸和类型。另外，用户如果想获得更亮丽、对比度更高的输出效果，可以勾选"Vivid Photo"复选框；当照相机在高感光度模式下 CCD 出现噪点，造成相片不规则色块、较大的颗粒时，勾选"降低照片噪音"复选框，可以改善画质效果，如图 8-17 所示。

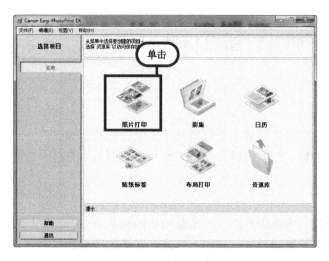

图 8-15 "菜单"页面

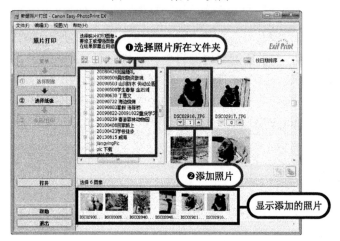

图 8-16 选择图片

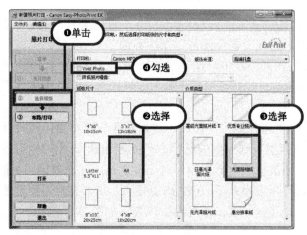

图 8-17 选择纸张

4）布局打印。单击"布局/打印"按钮，进入"布局/打印"页面。选择"3.5×5（×4）"布局形式，布局效果会显示在右侧预览区中，如图 8-18 所示。用户也可以选择" "，实现无边距打印。

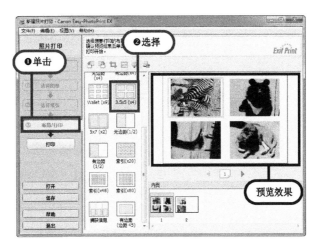

图 8-18　布局/打印

5）照片调整。选择需要调整的照片，单击 🔄 🔄 按钮，对照片进行顺时针和逆时针调整。单击 ⬚ 按钮，弹出照片"裁剪"窗口，如图 8-19 所示，调整操作点，对图片进行裁剪。

单击 🖌 按钮，弹出"修正/增强图像"窗口，如图 8-20 所示，单击"红眼修正"、"面部锐化"、"面部柔滑"按钮，可以对照片进行适当的调整。

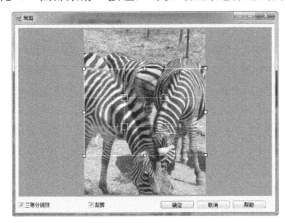

图 8-19　裁剪　　　　　　　　　　图 8-20　修正/增强图像

单击 🖨 按钮，可以弹出"设置"窗口，用户可以进行打印份数和其他特殊的设置。

6）打印。单击"打印"按钮，开始打印。

2．图片扫描

1）启动 Canon MP Navigator EX，如图 8-21 所示。

2）自动扫描。单击"自动扫描"按钮，弹出"自动扫描"对话框。在"文件名称"文本框中设置扫描文件起始名称，这里使用默认的"IMG"；在"保存类型"下拉列表中设置文件保存类型，这里选择"JPG"格式；在"保存"选项组中，单击"浏览"按钮设置扫描文件存储位置。设置完成后，单击"扫描"按钮开始扫描，扫描结束后，文件会自动存储在设置好的文件夹中，如图 8-22 所示。

图 8-21　启动软件

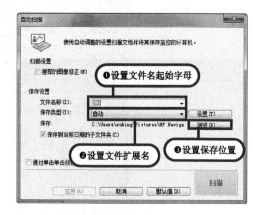

图 8-22　扫描设置

至此，关于使用佳能自带的辅助软件来进行基本的照片打印和图片扫描知识已经讲解完毕。关于该软件的其他功能，如 Easy-PhotoPrint EX 可以使用数码照相机记录的图像创建并打印自己的影集、日历和贴纸标签，有兴趣的读者可以自行研究学习。

 知识拓展

1. 纸张

不同类型的打印机需要的纸张也有所不同，激光打印机可以处理的介质有：普通打印纸、信封、投影胶片、明信片等。喷墨打印机可以处理的介质有：普通纸、喷墨纸、光面照片纸、专业照片纸、高光照相胶片、光面卡片纸、T 恤转印介质、信封、透明胶片、条幅纸等。针式打印机可以处理的介质有：普通打印纸、信封、蜡纸等。

一般办公用纸分为 A 型和 B 型，现在一般使用 A 型纸。不管 A 型还是 B 型，它的分类都是类似的，如 A5 是 A6 的两倍，A4 是 A5 的两倍，A3 是 A4 的两倍，B4 是 B5 的两倍，B3 是 B4 的两倍。

2. 草稿打印

编辑完一些重要文档后，有时候要打印一份用来校对．以保证它的准确性。这时最好以草稿方式来打印，这种设置在文档编辑软件的文件打印中就可以完成。

3. 扫描

扫描仪是利用光电技术和数字处理技术，以扫描方式将图形或图像信息转换为数字信号的装置。扫描仪是通常被用于计算机外部的仪器设备，是通过捕获图像并将之转换成计算机可以显示、编辑、存储和输出的数字化输入设备。照片、文本页面、图纸、美术图画、照相底片等都可作为扫描仪的扫描对象，提取和将原始的线条、图形、文字、照片、平面实物转换成可以编辑及加入文件中的装置。在使用扫描仪的过程中，可以设置彩色扫描和黑白扫描，也可以设置扫描的分辨率，从而达到人性化需求。

4. OCR

OCR 是指应用电子设备检查纸上打印的字符，通过检测暗、亮的模式确定其形状，然后用字符识别方法将形状翻译成计算机文字的过程，即对文本资料进行扫描，然后对图像文件进行分析处理，获取文字及版面信息的过程。不仅专业扫描仪辅助软件带此功能，目前 QQ、微信等常用软件均带有此功能。

5. 佳能

佳能是全球领先的生产影像与信息产品的综合集团，佳能的产品系列共分布于三大领域：个人产品、办公设备和工业设备。其主要产品包括照相机及镜头、数码照相机、打印机、复印机、传真机、扫描仪、广播设备、医疗器材及半导体生产设备等。其中，佳能打印机以其优秀的色彩表现力，广泛应用于照片打印领域。

6. 惠普

惠普公司是一家来自美国的资讯科技公司，成立于 1939 年，主要专注于生产打印机、数码影像、软件、计算机与资讯服务等业务。在打印及成像领域和 IT 服务领域，它都处于领先地位。

7. 爱普生

爱普生是一家成立于 1942 年，总部位于日本长野县的上市公司。它主要生产喷墨打印机、镭射打印机、点阵式打印机、扫描器和手表、桌上型计算机、商务和家用投影机、其他相关的电子设备。爱普生打印机以其良好的性价比，受到家庭及企业的广泛欢迎。

 思考与练习

1. 使用打印机将四张照片打印在一张 A4 照相纸上，并设置为无边距。
2. 将一张图片扫描到计算机指定的文件夹中。

模块学习效果评价表

学习效果评价表						
内　容			评 定 等 级			
学 习 目 标		评 价 项 目	A	B	C	D
职业能力	能熟练使用豌豆荚对手机进行管理	能对手机内的照片、音乐、视频进行添加、删除、导出、导入				
		能对手机内的联系人、短信进行管理				
		能对手机进行必要的清理				
		能通过手机助手软件下载资源				
	能够使用打印扫描助手软件	能按需求打印照片				
		能扫描简单图片				
通用能力		交流表达能力				
		与人合作能力				
		沟通能力				
		组织能力				
		活动能力				
		解决问题的能力				
		自我提高的能力				
		革新、创新的能力				
综合评价						

图形图像信息处理

任务 9-1　权威图片浏览器——ACDSee

2）具备图片浏览、文本添加、图片管理等操作能力；

3）学会使用 ACDSee 对图片文件的格式进行必要的转换。

 任务描述

计算机中一般存放了很多张图片，如何对这些图片进行管理和优化，从而提高生活或工作效率，是图片所有者所面临的最大问题。

ACDSee 是一款目前流行的数字图像处理软件，它广泛应用于图片的获取、管理、浏览和优化。使用 ACDSee 可以从数码照相机和扫描仪中高效获取图片，并进行便捷地查找、组织、预览等操作；它支持多种格式的图形文件，并能完成格式间的相互转换；它能快速、高质量地显示图片，再配以内置的音频播放器，可以播放精彩的幻灯片。本任务主要是使用 ACDSee 软件进行图像的浏览、编辑、管理。

 任务完成过程

1．浏览图片

ACDSee 的主要功能是浏览图片，它不但可以改变图片的显示方式，而且可以进入幻灯片浏览器浏览多张图片。下面以浏览"我的图片"文件夹下的图片为例，介绍 ACDSee 浏览图片的方法。

1）启动 ACDSee 10，打开要浏览的图片，进入 ACDSee 的主界面，如图 9-1 所示。

图 9-1　ACDSee 主界面

2）在文件夹列表中单击文件夹前的⊞图标，展开图片所在盘符，展开后选择含有图片的文件夹。在右侧的图片文件显示区中便可浏览到"我的图片"文件夹中的所有图片。

3）在图片文件显示区中选中需要浏览的图片，将会弹出一个独立于窗口的显示图片，同时在左下角的预览区中也会显示此图片。拖动图片文件显示区右上角的 ⊖—0—⊕图标上的滑块，可以调整图片缩略图的比例。

4）选择浏览方式。单击图片文件显示区上方的"过滤方式"按钮，打开下拉列表，如图 9-2 所示，选择"高级过滤器"选项，弹出如图 9-3 所示的"过滤器"对话框，通过选择"应用过滤准则"选项组中的规则对图片进行过滤。

5）选择显示方式。单击图片文件显示区上方的"查看"按钮（在图片文件显示区中的空白处右击，弹出快捷菜单，选择"查看"选项也可打开查看列表），如图 9-4 所示，可以选择

"平铺"、"图标"、"略图"等显示方式。

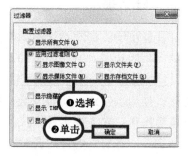

图 9-2　对图片进行过滤　　　　　　　　　图 9-3　"过滤器"对话框

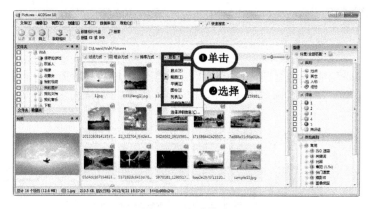

图 9-4　查看模式

6）选择排序方式。单击图片文件显示区上方的"排序方式"按钮，在下拉列表中可以选择按文件名、大小、图像类型等进行排序，如图 9-5 所示。

图 9-5　对图片进行排序

7）查看整张。在图片文件显示区中选择某张需要详细查看的图片，按"Enter"键或双击该图片即可切换为全屏模式查看整张图片。

8）切换下一张。使用上、下、左、右四个方向键可切换查看的图片。右击图像，在弹出的快捷菜单中选择"视图"→"全屏幕"选项，即可退出全屏模式并进入图片查看器，快捷键为"F"键，如图 9-6 所示。

9）在图片查看器中通过单击主工具栏中的相应按钮便可进行查看上/下一张图片，对图片进行缩放、旋转等操作。

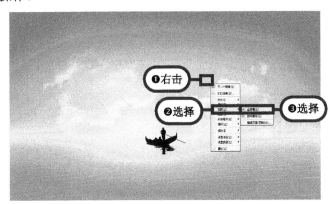

图 9-6　退出全屏模式

2．编辑图片

ACDSee 除了具有图片浏览功能外，还提供了强大的图片编辑功能，使用它可以对图片的亮度、对比度和色彩等进行调整，还可进行裁剪、旋转、缩放、添加文本等操作。下面以为一张图片添加文本为例，使读者掌握 ACDSee 编辑图片的使用方法与技巧，熟悉图片查看器中编辑工具栏中的工具。

1）进入编辑模式。启动 ACDSee，进入 ACDSee 主界面后，选择要进行操作的图片并双击进入图片查看器，如图 9-7 所示。

图 9-7　图片编辑模式

2）调整图片。单击编辑工具栏中的"文本"按钮，弹出"编辑面板：添加文本"窗口，在此窗口中可对文本进行详细设置。

3）在"文本"字段中输入要添加的文本"常用工具软件"，并设置字体为"隶书"，颜色为粉红色、大小为 86、阻光度为 100，其他设置为默认参数，最终效果如图 9-8 所示。

图 9-8　文本设置

4）单击"完成"按钮，返回图片查看器，查看进行文本设置后的图片，单击主工具栏中的"保存"按钮可保存设置后的图片。

3. 管理图片

ACDSee 也可以对图片文件进行简单的管理，包括重命名、复制、移动、转换图片格式等操作。这里以将".jpg"为扩展名的图片文件转换成".gif"扩展名为例，对利用 ACDSee 转换图片文件格式的方法进行介绍。

1）打开转换工具，在图片文件显示区中选择要转换的图片（可以选择多个文件）后，选择"工具"→"转换文件格式"选项，弹出"批量转换文件格式"对话框，如图 9-9 所示。

2）在"格式"选项卡中选择要转换成的格式，这里选择 GIF 选项，单击"下一步"按钮，弹出如图 9-10 所示的"设置输出选项"向导页。

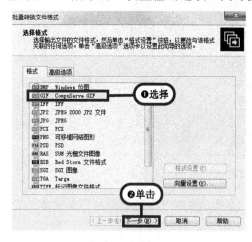

图 9-9　"批量转换文件格式"对话框

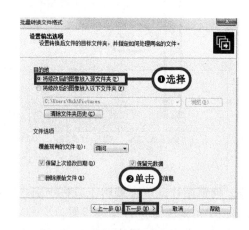

图 9-10　"设置输出选项"向导页

3）若选中"目的地"选项组中的"将修改后的图像放入源文件夹"单选按钮，则替换当前所选择的图形文件；若选中"将修改后的图像放入以下文件夹"单选按钮，则需要单击文本框右侧的"浏览"按钮，在弹出的"浏览文件夹"对话框中指定新的保存位置。本例选中前者。

4）单击"下一步"按钮，弹出"设置多页选项"向导页，如图 9-11 所示。此向导员主要针对扩展名为.cdr 的图片，这里设置为默认参数。

5）单击"开始转换"按钮，弹出如图 9-12 所示的"转换文件"向导页。

图 9-11　"设置多页选项"向导页

图 9-12　"转换文件"向导页

6）单击"完成"按钮，完成操作。

 知识拓展

1．美图看看

美图看看是目前最小、最快的万能看图软件，它采用自主研发的图像引擎，专门针对数码照片优化，使大图片的浏览性能全面提升。它独创的缓存图片技术占用 CPU、内存极低，低配置的计算机也可流畅使用。

2．查找重复

若图片文件夹中存储了大量图片，图片重复的可能性就很大，使用 ACDSee 便可以将重复的图片删除。操作时，首先选择文件夹中的所有图片，然后选择"工具"→"查看重复文件"选项，在弹出的对话框中设置查找条件，便可以查找出重复的文件。

3．GIF 格式

GIF（Graphics Interchange Format，图像交换格式）是 CompuServe 公司开发的图像文件存储格式。GIF 文件格式可以在一个文件中存放多个彩色图形图像，它们可以像幻灯片那样显示或者像动画那样演示。

4．PNG 格式

PNG（Portable Network Graphic，便携网络图像）是 20 世纪 90 年代中期开始开发的图像文件存储格式。PNG 能把图像文件压缩到极限以便于网络传输，但保留了所有与图像品质有关的信息。如果图像以文字、线条为主，PNG 会用类似 GIF 的压缩方法来压缩，而且不会破坏原始图像的任何细节。对于相片品质一类的图像文件，PNG 用类似 JPEG 的压缩算法，但与 JPEG 不同的是图像压缩后能保持为与压缩前图像质量一样，没有任何失真。

思考与练习

1. 使用 ACDSee 进行图片的批量更名，批量大小调整。
2. 使用 ACDSee 浏览计算机中的图片并将其制作成幻灯片。

任务 9-2　专业管理处理图片——iSee 图片专家

知识目标

1）通过本任务的学习，了解 JPG、PSD、BMP 等格式的相关概念及特点；
2）熟练掌握浏览图像、相片排版、相框合成、动画制作的一般方法和技巧；
3）掌握 iSee 软件中批量处理的基本方法。

能力目标

1）通过本任务的学习，具备添加本字、压缩、更名、转换图像格式等批量处理的操作能力；
2）能够利用软件，对图像进行浏览、排版、相框合成、制作动画等操作；
3）学会从移动设备获取图像的一般方法。

任务描述

图片浏览软件有很多种，但是仅仅有浏览的功能已经很难满足大众的需求，能够在浏览软件上直接进行图片的修改、排版、批量处理等操作，被越来越多的人需求和认可。

iSee 是一款数字图像浏览处理软件，不仅具有照片的获取、浏览、管理和批量处理等多种功能，还可以将图片制作成电子相册、屏幕保护程序和幻灯片等，甚至可以制作简单的动画。iSee 图片专家具有照片处理速度快的特点，人像美容、照片修复等功能可一键完成，吸引了诸多用户的使用。

任务完成过程

如图 9-13 所示，iSee 图片专家主要由菜单栏、文件夹列表、预览区域、工具栏和浏览器区域组成。其中，文件夹类似于资源管理器，用户可以通过树形结构目录查找文件，浏览器区域显示的内容是当前所选文件夹所包含的文件。

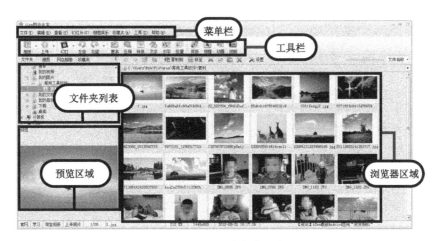

图 9-13　iSee 图片专家主窗口

1. 浏览图像

图像浏览是 iSee 图片专家软件最重要、最基本的功能之一。由于在安装过程中软件已经将常用的图像文件格式进行了关联，所以要想查看某个图像文件双击即可打开进行浏览。

另外，还可以通过 iSee 图片专家主窗口左侧的文件夹列表浏览图像。在文件夹列表中单击某个文件夹，则文件夹的内容就会立刻显示在浏览器区域中。由于这里介绍的浏览图像与上一任务的方式类似，故不再重复介绍。

2. 从移动设备获取图像

iSee 图片专家为用户提供了图像获取功能，它将协助用户从外接设备、光盘和网络镜像中获取图像。

1）将外接设备连接到计算机后，启动 iSee 图片专家，并在软件主窗口的菜单栏中选择"文件"→"获取/导出"→"从移动设备获取图像"选项，如图 9-14 所示。

图 9-14　从移动设备获取图像

2）此时弹出如图 9-15 所示的"导入图像"对话框。外接设备将显示在对话框的下方，如果没有被识别，单击"刷新"按钮即可重新识别。根据实际需要，选择相应的导入设备和存放位置，设置完成后单击"确定"按钮，经过一段时间的文件导入，外接设备中的图像将被获取到指定位置。

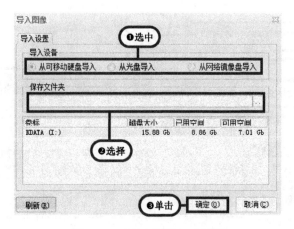

图 9-15　"导入图像"对话框

3. 批量转换图像格式

在面对大量图片需要进行统一处理的时候，就要用到 iSee 图片专家的批量处理功能。它能够完成批量更名、批量压缩和批量转换等。其具体操作如下。

1）启动 iSee 图片专家，在浏览器区域中勾选多个需要批量转换图像格式的文件。

2）此后在主窗口的工具栏中单击"批量"按钮，这时弹出"批量处理"窗口，如图 9-16 所示。

3）在此窗口左上角设置图片处理后的保存位置。

4）在图 9-16 中，单击"转格式"按钮，弹出"批量转换格式"对话框，如图 9-17 所示。在该对话框的"输出格式"选项组中，根据需要选择要转换成的图像格式，最后单击"确定"按钮，经过一段时间的转换，结束对指定图像文件批量格式的转换。

图 9-16　"批量处理"窗口

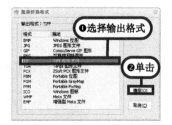

图 9-17　"批量转换格式"对话框

4. 批量更名

在实际生活中，经常会遇到一组图像名称不统一而且不连续的情况，想要快速地将图像名称统一并按照顺序命名，则需要用到批量更名功能。

1）启动 iSee 图片专家，选择多个待更名的图像文件。

2）单击"更名"按钮，这时弹出如图 9-18 所示的"批量更名"对话框。

3）在此对话框中，为更名选择模式，这里选择"流水号"模式，并在"开头文本"文本框中输入增加的文字内容，最后设置流水号的开始序号和位数，待所有设置完成后，单击"开始更名"按钮。经过一段时间的转换，结束对指定图像文件的批量更名。

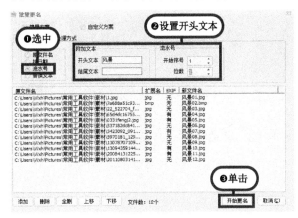

图 9-18　"批量更名"对话框

5. 批量压缩

在上传图像的时候，经常遇到系统对图像的大小进行了限制的情况，如何操作才能既保证图像质量，又符合系统要求呢？iSee 图片专家的压缩功能能够解决这个问题。

1）启动 iSee 图片专家，选择多个待压缩的图像文件。

2）单击"压缩"按钮，这时弹出如图 9-19 所示的"压缩"对话框。

3）在此对话框中，"图像大小"选项组用于调整图像的宽和高；"JPEG 转换文件限制"选项组用于调整文件的大小；"保存质量"选项组用于调整文件的显示质量。用户只需按照要求进行设置即可，待所有设置完成后，单击"确定"按钮，经过一段时间的转换，结束对指定图像文件的批量压缩。

图 9-19　"压缩"对话框

6. 批量添加文字

1）启动 iSee 图片专家，选择多个待添加文字的图像文件。

2）单击"文字"按钮，这时弹出如图 9-20 所示的"批量添加文字"对话框。

3）在此对话框顶部，为将要添加的文字设置字体、大小、字形、颜色和效果，然后在"文字"文本框中输入需要添加的文字。待所有设置完成后，单击"确定"按钮，即可完成向指定图像添加文字的任务。

图 9-20 "批量添加文字"对话框

7. 制作 GIF 动画

1）启动 iSee 图片专家，在软件主窗口的工具栏中单击"动画"按钮，并选择"幻灯片动画"选项。

2）此时弹出"合成 GIF 动画"对话框。在此对话框中，单击"添加图片"按钮，导入多张大小相同的图像。

3）根据实际要求，在对话框下部分别对动画大小、间隔时间、背景颜色等信息进行设置。设置完成后，单击"预览"按钮，查看效果。

4）满意效果后，单击"保存"按钮，即可完成动画的制作，如图 9-21 所示。

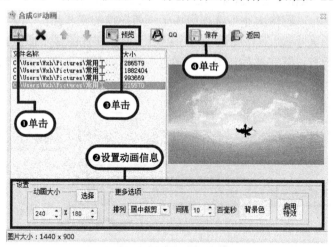

图 9-21 "合成 GIF 动画"对话框

8. 相框合成

iSee 图片专家的相框合成功能能够提供非常多的相框，包括卡片类、日历类和大头贴等。通过简单的操作能使图片增加精美边框。其具体操作如下。

1）在软件主窗口中双击待编辑的图像，进入编辑状态。

2）选择"相框娱乐"→"相框合成"→"日历"选项，如图 9-22 所示，此时弹出如图 9-23 所示的"相框合成"对话框。

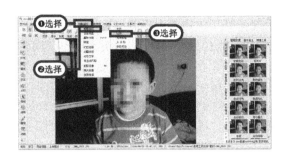

图 9-22 相框合成

3）在此对话框顶部单击"日历"按钮，右侧即可显示有关日历的相框模板。选择一个喜欢的模板，相片即刻应用在日历中，如图 9-23 所示。

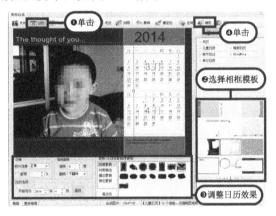

图 9-23 "相框合成"对话框

4）通过调整对话框底部的效果、日历选项和旋转翻转等选项，用户可以获得满意的效果。待所有设置完成后，单击"确定"按钮，图像即可被合成在相框中。

9. 照片排版

照片排版功能的作用就是将多张照片通过排版的方式合成为一张照片，经常用在淘宝网店对商品的展示方面。

1）启动 iSee 图片专家，按住"Ctrl"键，单击需要添加的照片。

2）选择"相框娱乐"→"照片排版"选项，此时弹出如图 9-24 所示"照片排版"对话框。

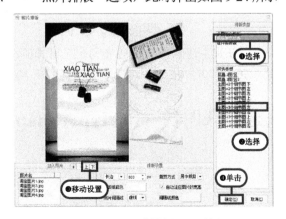

图 9-24 "照片排版"对话框

3）在该对话框的"排版类型"选择组中包含多图组合排版、商品展示排版、证件照排版三种类型供用户选择。这里选择"商品展示排版"，并在下方"可选类型"列表框中选择"主图+3 个细节图左"选项。

4）通过单击"上"或"下"按钮，设置选中图片的移动方向。对于底色、边长、裁剪方式等更为详细的设置，用户可以根据实际情况自行改变，这里均保持默认设置。

5）待所有设置完成后，单击"确定"按钮，弹出"另存为"对话框，设置图像名称后，单击"保存"按钮，即可完成相片的排版。

知识拓展

1．QQ 影像

QQ 影像是腾讯公司最新推出的一款桌面图片处理软件。其操作界面简洁、操作方便；并具有轻松浏览、一键上传、时尚特效、相框饰品、快速扫描等特点；可以快速浏览并管理本地图片，使用编辑功能处理照片，并上传到 QQ 空间。

2．JPEG 格式

JPEG 是目前流行的最常用的图像格式之一，该格式文件的扩展名为.jpg。该格式是一种有损压缩格式，它可以将图像压缩到很小的存储空间中。JPEG 压缩技术十分先进，它使用有损压缩方式去除图像数据中的冗余，获得高压缩比的同时又能展现图像的色彩层次。

3．BMP 格式

BMP 格式是以像素为单位存储图像信息的，有压缩和非压缩两种格式，通常用户采用的都是非压缩格式，压缩格式应用比较少，因此 BMP 文件所占用的空间相对其他格式而言比较大。该类型文件的扩展名为.bmp。

4．PSD 格式

PSD 格式是图像编辑软件 Photoshop 的专用格式，该文件格式可以保存 Photoshop 中的层、通道、路径、颜色模式等多种信息，并且支持全部图像色彩模式的格式。此种格式文件的体积较大，可以在多种平面软件内部通用，扩展名为.psd。

思考与练习

1．使用 iSee 图片专家将 50 张生活照片批量转换为 TIF 格式。

2．用手机自拍多张笑脸图片，并利用学习过的知识制作 GIF 动画。

任务 9-3　快速捕获图像——HyperSnap

知识目标

1）通过本任务的学习，了解 DirectX、3DFX Glide、PCX 的相关知识；

2）熟练掌握使用 HyperSnap 进行屏幕捕获的基本方法；

3）掌握对捕获图像进行简单编辑的方法。

 能力目标

1）通过本任务的学习，具备手绘捕获、多区域捕获、文本捕获、视频游戏界面捕获等操作技能；

2）能够对捕获的图片进行简单的编辑；

3）能够滚动捕获整个界面，从而解决生活中的实际问题。

 任务描述

屏幕捕获指的是从显示器上拾取全部或部分区域作为图像或者文字的过程。一般情况下，按"Print Screen"/"SysRq"键，即可捕捉整个屏幕上的画面。此时的图像保存在剪贴板中，打开"画图"工具，直接粘贴即可将图像显示出来。但很多时候，用户在播放视频，或进行游戏的过程中，想捕获视频或游戏界面，或对捕获的图片进行简单的编辑时，就需要一款专门的屏幕捕捉软件。

HyperSnap 是一款专业级的屏幕捕捉软件，它不仅能抓取标准桌面程序，还能抓取 DirectX、3DFX Glide 游戏和 DVD 视频屏幕，所捕获的图像可以被存储为 BMP、PCX、TIF、GIF 或 JPEG 等 20 多种格式。此外，HyperSnap 还能把网页或窗口中的文字捕获为文本，功能十分强大。以下讲解使用 HyperSnap 软件捕获屏幕图像的几种方法。

 任务完成过程

如图 9-25 所示，HyperSnap 主要由菜单栏、工具栏、输出窗口和状态栏组成。当抓取图像成功后，图像会在输出窗口中显示。

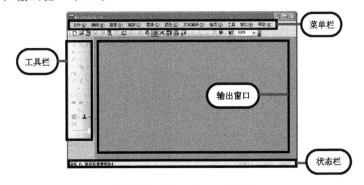

图 9-25　HyperSnap 主窗口

抓取屏幕图像是 HyperSnap 最基本的功能。除此之外，软件还提供了多种抓取方案：全屏幕、虚拟桌面、窗口或控件、卷动全部页面、按钮、活动窗口、选定区域、自由捕获、特殊捕获等，通过这些不同类型的抓取方案，用户可以轻松地应对各种环境。

1. 捕捉窗口

在某些情况下需要快速捕捉屏幕上的窗口或指定的某个控件，这时就需要用到 HyperSnap 的捕捉窗口和控件功能，具体操作步骤如下。

1）启动 HyperSnap。

2）待需要捕捉的窗口出现时，在 HyperSnap 主窗口中选择"捕获"→"窗口和控件"选

项，或者按默认组合键"Ctrl+Shift+W"。

3）此时计算机屏幕被冻结，并出现不断闪烁的橘红色矩形框。随着鼠标指针的移动，矩形框大小随之变化，并不断变换聚焦的焦点。

4）待矩形框刚好包围着需要捕获的窗口或控件时，单击或按"Enter"键即可捕获当前选定区域，与此同时，软件将该捕获的图像输出至浏览窗口，至此捕获任务完成。

此外，在捕捉的过程中屏幕还将显示有关操作的帮助信息。按"Esc"键放弃本次捕捉，右击，可以在多种捕捉模式间切换。

2. 区域捕获

区域捕捉模式是相对自由的一种捕获，启用该捕获模式后，软件允许用户手动定位屏幕中任何部分，但是区域捕获只能捕获矩形区域。

1）启动 HyperSnap。

2）在软件主界面中选择"捕获"→"捕获区域"选项，或者直接按默认组合键"Ctrl+Shift+R"。

3）这时计算机屏幕被冻结，并且出现以鼠标指针为原点的坐标轴，移动鼠标指针来选择需要捕捉的区域，在拖动鼠标的同时软件会自动打开放大镜窗口，以便用户精确选择。

4）单击确定选定区域的起始位置，再次单击时确定选定区域的结束位置。此时，选中区域被捕捉，并被输出至浏览窗口，如图 9-26 所示。

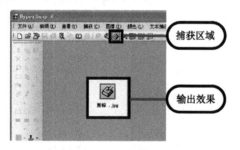

图 9-26　区域捕捉输出效果

3. 手绘捕获

手绘捕获与区域捕获类似，但是手绘捕获不再受矩形区域的限制，而可以自由选定不规则区域进行捕获。

1）启动 HyperSnap。

2）在软件主界面中选择"捕获"→"手绘捕获"选项，或者直接按默认组合键"Ctrl+Shift+H"。

3）此时鼠标指针变成十字形，并且软件自动开启放大镜功能，用户只需按下鼠标左键随意拖动一个不规则区域，最后按"Enter"键确定捕获即可，如图 9-27 所示。

图 9-27　手绘捕捉输出效果

4. 多区域捕获

在某些情况下，用户需要捕获类似于多级菜单的内容，如果使用之前讲述的操作方法，可能不容易实现，如何解决这个问题呢？下面以捕获二级菜单为例讲解具体操作方法。

1）启动 HyperSnap。

2）在软件主界面中选择"捕获"→"多区域捕获"选项，或者直接按默认组合键"Ctrl+Shift+M"。

3）此时计算机屏幕被冻结，并出现不断闪烁的橘红色矩形框。随着鼠标指针的移动，矩形框大小随之变化，并不断变换聚焦的焦点。

4）单击并选中一个区域，再次单击并选中一个区域，直到多级菜单被全部捕获为止，按"Enter"键确定捕获即可。

5. 滚动捕获整个页面

使用"滚动捕获整个页面"功能，能将需要滚动才能浏览完成的页面一次性捕获完成。这里以捕获一个网页页面为例，讲解该功能的使用方法，具体操作步骤如下。

1）启动 HyperSnap。

2）打开一个需要捕获的长页面。

3）在 HyperSnap 主窗口中选择"捕获"→"整页滚动"选项，或者按默认组合键"Ctrl+Shift+S"。

4）此时计算机屏幕被冻结，并出现不断闪烁的黑色矩形框。将鼠标指针移动到页面区域并单击，此时文档页面自动滚动，随后将捕获的图像输出至浏览器区域中，如图 9-28 所示。

图 9-28　滚动捕获整个页面输出效果（360 主页）

6. 文本捕获

"文本捕获"功能可以对窗口或控件内的文字进行捕获，其中包括捕获选定区域文本、光标处目标的文本、自动滚动窗口中的文本和自动滚动区域中的文本。这里以捕获 Word 菜单栏中的文字为例讲解文本捕获的使用方法，具体操作如下。

1）启动 HyperSnap。

2）在软件主界面中选择"捕获"→"徒手捕捉"选项，或者直接按默认组合键"Ctrl+Shift+T"。

3）移动鼠标，框选需要进行捕获的区域。选择完成后，按"Enter"键确认捕获。

4）此时软件将用户选择区域下方的文本输出到浏览器区域中，整个捕获文本的过程结束，捕获前后效果如图 9-29 和图 9-30 所示。

图 9-29　Word 的菜单栏

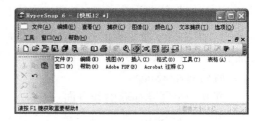

图 9-30　文本捕获后的输出效果

7. 捕获视频或游戏画面

HyperSnap 除了可以对常规的图形界面进行捕获以外，还能对视频、游戏画面进行捕获。具体操作如下。

1）启动 HyperSnap。

2）在软件主界面中选择"捕获"→"启用视频或游戏捕获"选项，此时弹出"启用视频或游戏捕获"对话框。

3）在此对话框中，勾选"视频捕获（媒体播放器，DVD 等）"和"游戏捕获"复选框。

4）设置完成后，单击"确定"按钮，保存设置，如图 9-31 所示。待需要捕获视频或游戏界面时，按"Scroll Lock"键即可。图 9-32 所示为捕获某一视频的截图。

图 9-31　"启用视频或游戏捕获"对话框

图 9-32　视频截图输出效果

8. 图像马赛克效果

图像捕捉完成后，软件主界面左侧的绘图工具栏就会被激活。通过该工具栏可以对图像进行简单的剪切、缩放、添加文字、绘制图形等操作。此外，在菜单栏的"图像"菜单中，还有剪裁、镜像、旋转、修剪、马赛克、浮雕、锐化或模糊、阴影等多种编辑效果供用户选择。这里以为图像增加马赛克效果为例，介绍其使用方法。

1）启动 HyperSnap，并捕获一幅图像。

2）在软件左侧工具栏中使用"选择区域"工具，在图像中画出要增加马赛克的矩形区域，然后选择"图像"→"马赛克"选项。

3）此时弹出"马赛克"对话框，在该对话框中设置"平铺大小"参数，调节马赛克的粗细程度，设置完成后单击"完成"按钮，即可完成马赛克效果的制作，如图 9-33 所示。

图 9-33　增加马赛克效果

9．添加水印

为了保证所捕获的图像不被其他人使用，还可以通过添加水印的方式来确保图像的归属。添加水印的具体操作如下。

1）启动 HyperSnap，并捕捉一张图像。

2）捕捉完成后，图像便输出到浏览器区域，单击绘图工具栏中的 按钮，弹出二级菜单，其中已经包含"Torn Edge-Bottom"、"Torn Edge-Left"、"Torn Edge-Right"和"Torn Edge-Top"四种水印。根据实际需要，选择四种水印的任意一种即可，如图 9-34 所示。

3）如果对水印效果不满意可选择菜单中的"编辑"选项，在弹出的"编辑水印"对话框中对水印进行新建、编辑和删除等操作，如图 9-35 所示。

图 9-34　添加水印

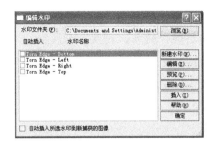

图 9-35　"编辑水印"对话框

10．捕获设置

1）启动 HyperSnap，在软件中选择"捕获"→"捕获设置"选项，此时弹出如图 9-36 所

示的"捕获设置"对话框。

2）选择"捕获"选项卡，在此选项卡中用户可以设置捕捉前的延迟时间以及相关的基本设置。这里建议用户将"捕获前延迟"设置为0毫秒，以提高捕捉的灵敏度；建议勾选"捕获屏幕前隐藏此窗口"复选框，以避免在捕捉的时候软件本身遮挡住被捕捉的对象，其余选项用户可根据需要自行设置。

3）选择"查看和编辑"选项卡，如图9-37所示。在此选项卡中，建议选中"替换当前窗口的图像为新的捕捉图像"单选按钮，这样每次捕捉过的图像在输出到浏览器区域中时就不会重叠显示，避免捕捉过多图像后占用大量内存。

4）选择"快速保存"选项卡，如图9-38所示。在此选项卡中，建议勾选"自动保存每次捕获到一个文件"复选框，然后单击"应用"按钮，为自动保存的图像设置保存路径。建议勾选"递增文件名按"复选框，并在"开始于"文本框内输入起始的图像编号，在"停止保存于"文本框内输入结束的图像编号，这样抓取的图像在创建文件名时会自动添加设置的编号。

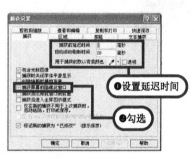   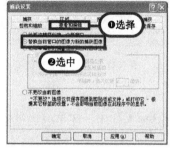   

图9-36　"捕获设置"对话框　　图9-37　"查看和编辑"选项卡　　图9-38　"快速保存"选项卡

 知识拓展

1．SnagIt

SnagIt是一个非常著名的屏幕、文本和视频捕获、编辑与转换软件。它可以捕获Windows屏幕、DOS屏幕；RM电影、游戏界面；菜单、窗口、客户区窗口、最后一个激活的窗口或用鼠标定义的区域。但是，它捕获视频只能保存为AVI格式，文本只能够在一定的区域内进行捕捉。其图像可保存为BMP、PCX、TIF、GIF、PNG或JPEG格式，还具有自动缩放、颜色减少、单色转换、抖动、转换为灰度级等功能。

2．DirectX

DirectX是由微软公司创建的多媒体编程接口，被广泛使用于电子游戏开发。其最新版本为DirectX 12，创建在Windows 8.1上。DirectX加强了3D图形和声音效果，并提供给设计人员一个共同的硬件驱动标准，让游戏开发者不必为每一品牌的硬件来编写不同的驱动程序，也降低了用户安装及设置硬件的复杂度。

3．3DFX

3DFX是一家专门研发与生产显卡与3D芯片的公司，于1994年创立。该公司在20个世纪90年代至21世纪初一直是显卡芯片的领导者，旗下的3D加速卡以及显卡的性能都处于当时业界顶尖水平，其免费授权的专用应用程序接口——Glide，吸引了众多游戏厂商，催生了像雷神之锤、古墓丽影、极品飞车等传奇游戏。

4．PCX 格式

PCX 格式属于无损压缩格式，它是基于 PC 的绘图程序的专用格式，一般的桌面排版、图形艺术和视频捕获软件都支持这种格式。

思考与练习

1．打开 Excel 软件，使用 HyperSnap 捕捉其菜单栏，将其捕捉成文字。
2．捕捉电影《疯狂原始人》的画面，并添加水印和马赛克效果。

任务 9-4　给照片化妆——光影魔术手

知识目标

1）通过本任务的学习，了解噪点、偏色、红眼等概念的相关知识；
2）熟练掌握图像美容的基本方法和技巧，处理生活中的实际问题。

能力目标

1）通过本任务的学习，能够为照片添加相框，裁剪图片大小，人像美容；
2）掌握白平衡、数码补光、高级调整的设置方法；
3）了解高级调整的一般方法。

任务描述

自己动手对数码照片进行编辑、效果处理已经成为大多数用户的基本需求。而对于普通用户来说，使用专业级图像处理软件掌握起来比较困难。一款操作简单、使用方便的图片处理软件对菜鸟级用户来说非常重要。

光影魔术手是一款针对图像画质进行改善、提升及效果处理的软件。其简单、易用，不需要任何专业的图像技术，就可以制作出专业胶片摄影的色彩效果，且其批量处理功能非常强大，是摄影作品后期处理、图片快速美容、数码照片冲印整理时必备的图像处理软件，能够满足绝大部分人对照片后期处理的需要。本任务使用光影魔术手对图片进行各种效果的处理。

任务完成过程

如图 9-39 所示，光影魔术手软件主要由菜单栏、图像显示窗、工具栏和快捷标签组成，其中，快捷标签包含基本调整、数码暗房、边框图层、便捷工具、EXIF、光影社区和操作历史共七方面。

1. 浏览图像

1）启动光影魔术手以后，使用鼠标双击窗口的空白处，即可快速打开最后编辑照片时所在的文件夹。

2）从中双击需要修改的图像，进入编辑状态。单击工具栏中的"对比"按钮，或者在菜单栏中选择"查看"→"对比模式"选项，此时图像显示窗被一分为二，左边是原图，右边是执行相关操作后的效果图，这样的操作有利于把握后期处理图像时的前后对比，如图9-40所示。

3）根据需要单击右侧栏中的各类标签，进一步完成图像的编辑。

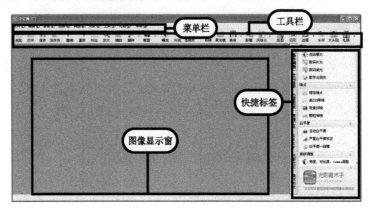

图 9-39 光影魔术手主窗口

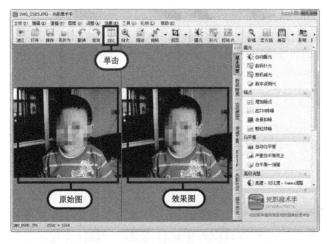

图 9-40 打开待编辑的图像

2. 裁剪图像大小

在实际工作中，可能仅需要图像的某一部分，此时要用到软件的裁剪功能，裁剪出精确大小的图像。其具体操作如下。

1）启动光影魔术手，并打开一张需要处理的照片。

2）单击工具栏中的"裁剪"按钮，或者选择"图像"→"裁剪/抠图"选项。

3）此时弹出"裁剪"对话框。在此对话框中，软件提供了"自由裁剪"、"按宽高比例裁剪"和"固定边长裁剪"三种裁剪模式。默认情况下，直接进入"自由裁剪"模式。

4）在照片显示区域按住鼠标左键不放，拖动出一个虚线矩形框。矩形内部区域是保留区域，而矩形外部区域将会被裁剪。将鼠标指针移动到虚线框内部，可以拖动此虚线框到任何位置，如图 9-41 所示。

5）设置完成后，单击对话框顶部的"确认"按钮，此时图像被裁剪。如果感觉不满意，可以单击"恢复"按钮，进行撤回操作。

6）单击对话框右下角的"确定"按钮，返回软件主窗口。

此外，还可以单击"裁剪"右侧的下拉按钮，在下拉列表中选择软件预置的宽高比例，如图 9-42 所示，可以实现快速裁剪图像。

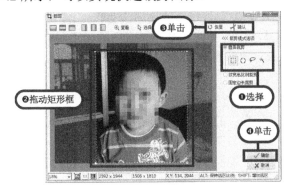

图 9-41　裁剪图像　　　　　　　　　　　　图 9-42　剪裁下拉列表

3.　添加边框

光影魔术手还为用户提供了各式各样的边框素材，只需要简单操作就可以个性化照片。由于软件的边框类型包含轻松边框、花样边框和多图边框等多种类型，这里仅讲解一种边框的添加方法。

1）启动光影魔术手，并打开一张需要处理的照片。

2）在右侧栏中，单击"边框图层"标签，选择其中的"花样边框"选项，或者选择"工具"→"花样边框"选项，弹出"花样边框"对话框。

3）使用鼠标在此对话框左上角区域，指定照片在边框中的显示区域。如果未指定，则照片全部显示。

4）"花样边框"对话框右侧区域，根据实际情况的需要选择本地或在线素材，如图 9-43 所示。待所有设置完成后，单击"确定"按钮，即可为指定的照片添加边框。

图 9-43　"花样边框"对话框

4.　白平衡调整

由于各个数码照相机厂商对白平衡的处理不一样，或者在拍摄时照相机中白平衡设置不准确而无法准确判断色温，导致相片偏色。对于偏色的相片，后期手工校正画面白平衡是有必要的。

1）启动光影魔术手，并打开一张需要处理的照片。

2）在软件主窗口中选择"调整"→"白平衡—指键"选项，此时弹出如图 9-44 所示的"白平衡—指键"对话框。

3）在原图（左图）中移动鼠标，将十字形鼠标指针停留在诸如灰色、黑色或白色的物体上，然后单击，此时可以在校正效果图（右图）中观察校正效果。

4）假如原图的偏色过重，可以先在菜单栏中选择"调整"→"严重白平衡错误校正"选项，对原照片进行色彩补偿，如图 9-45 所示，然后重复第 2）步和第 3）步，这样即可获得满意效果。

图 9-44　"白平衡—指键"对话框

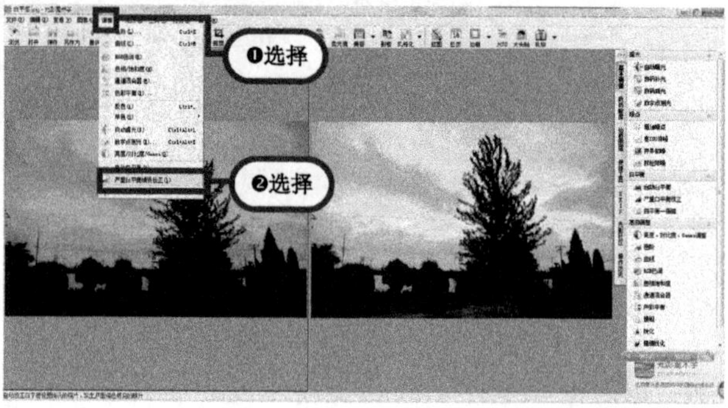

图 9-45　严重白平衡错误校正

5. 数码补光与减光

当背光拍摄的照片出现面部光照不足的情况时，利用数码补光功能，能够使暗部的亮度有效提高，而亮部的画质不受影响。

拍摄照片时，如果离得太近而又开启了闪光灯，会使照片部分内容太亮，失去原有颜色。对于这类局部曝光过度的照片，利用数码减光功能，能够在不影响正常曝光内容的情况下，把照片中太亮的部分"还原"回来。

1）启动光影魔术手，并打开一张需要处理的照片。

2）在软件主窗口中选择"效果"→"数码补光"或"数码减光"选项，此时弹出如图 9-46 或图 9-47 所示的"数码补光"和"数码减光"对话框。

3）在相应的对话框中，滑动滑块即可增加或减少背景光。

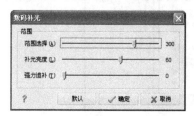

图 9-46　"数码补光"对话框

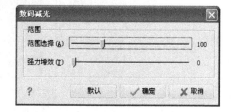

图 9-47　"数码减光"对话框

6. 人像美容

人像美容功能可以自动识别人像的皮肤，把粗糙的毛孔磨平，令肤质更细腻白皙，同时可以加入柔光效果，以产生朦胧的感觉。这里以一张人物照片为例，介绍人像美容的方法。

1）启动光影魔术手，打开一张需要处理的照片。

2）在软件中选择"效果"→"人像美容"选项，弹出如图 9-48 所示的"人像美容"对话框。

3）当选择该选项时，该照片就已经被"美容"过了，假如照片有偏色或者磨皮效果不佳，还可以手动使用鼠标右键，对指定人物的肤色进行磨皮。

4）在图 9-48 中，"磨皮力度"参数的数值越大，皮肤细节越少，如果毛孔比较大，则可以增大此参数。"亮白"参数指的是皮肤的亮白程度。如果勾选"柔化"复选框，软件会自动加入少许高光柔化和模糊效果。

5）根据需要设置完成后，单击"确定"按钮，保存修改并返回软件主窗口，人像美容前后的对比效果如图 9-49 所示。

图 9-48　人像美容　　　　　　　　　　　　　图 9-49　美容前后对比

7. 高级调整

光影魔术手的高级调整包括色阶、曲线、RGB 色调、色相/饱和度调整、通道混合器和色彩平衡。

1）启动光影魔术手，打开一张待调整的图片。

2）在软件中选择"调整"→"色阶"选项，弹出"色阶调整"对话框，如图 9-50 所示。在此对话框中有三个滑块，从左到右依次代表图像中的"黑场"、"灰场"和"白场"。向右拖动"黑场"滑块，可使图像变暗，向左拖动"白场"滑块，可使图像变亮，"灰场"滑块可自行调节。

3）选择"调整"→"曲线"选项，弹出"曲线调整"对话框，如图 9-51 所示。向上拖动对话框中的曲线，可使图像整体变亮，向下拖动可使图像变暗。

4）选择"调整"→"色彩平衡"选项，弹出"色彩平衡"对话框，如图 9-52 所示。拖动滑块，可使图像改变色调。

此外，高级调整中还包含其他相关设置，由于调整的步骤基本相似，所以这里不再赘述。

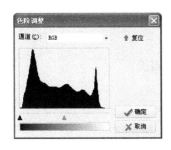　　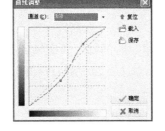　　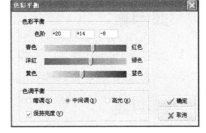

图 9-50　"色阶调整"对话框　　图 9-51　"曲线调整"对话框　　图 9-52　"色彩平衡"对话框

知识拓展

1. 美图秀秀

美图秀秀由美图网研发推出，是一款免费图片处理软件，不用学习也可使用，比 Adobe Photoshop 简单很多，适用于普通用户。其具有图片特效、美容、拼图、场景、边框、饰品等功能，可以自由编辑图片；该软件的网站素材动态更新，提供全面服务；用户可以将编辑好的图片一键分享到新浪微博、人人网、QQ 空间，满足使用者的网络共享功能。

2. 噪点

在使用数码照相机照相的过程中，由于 CCD 将光学信号转换为电信号并输出，在此过程中所产生的图像粗糙部分称之为噪点。引起噪点的原因很多，通常由于电子干扰而产生，当相片被放大以后会发现图像布满细微糙点，或者出现本来没有的像素点，这种假色就是图像的噪点。

3. 偏色

造成照片偏色与真实图像不一致的原因很多，最主要的是周围环境的影响。被拍摄物体周围存在各种各样颜色的反射光和透射光等会影响图像的颜色。例如，被拍摄人物在黄色落叶环境中，被反射光拍摄的人物颜色偏黄；在绿色植物较多的环境下，反射光会使人物偏绿。

4. 红眼

红眼，主要是指在用数码照相机对人物进行拍摄并使用闪光灯的时候，人的瞳孔会放大让更多的光线通过，此时视网膜的血管就会在照片上产生泛红的现象。目前，很多数码照相机有消除红眼的功能，但实际上数码照相机能做的仅仅是在某种程度上减少红眼现象的影响，红眼现象或多或少都会存在。

 思考与练习

使用光影魔术手将自己的照片制作成影楼拍摄的效果，并添加喜爱的边框。

任务 9-5 3D 文字制作——COOL 3D

 知识目标

1）通过本任务的学习，了解帧速率、时间轴、关键帧的相关概念；
2）学会使用 COOL 3D 制作动态三维文字的一般方法和技巧。

能力目标

1）通过本任务的学习，具备制作简单 3D 文字的能力；
2）学会文字的填充，背景的添加，字形的选择，文字的变形，简单静态 3D 效果的制作等；
3）能对作品进行保存发布，以及应用于其他领域等操作。

任务描述

想要制作三维文字，如果使用 3ds Max 软件，则安装占用磁盘空间较大，操作复杂，需要很长的一段时间来学习如何操作使用。

Ulead 公司出品的 COOL 3D 是一款专门制作三维文字动画效果的软件，具有易学易懂、操作简单、效果精彩的特点。它不但提供了强大的制作 3D 文字动画的功能，而且没有传统 3D 程序逻辑上的复杂性，可以用它方便地生成具有各种特殊效果的 3D 文字动画。此外，COOL 3D 能够生成 GIF 和 AVI 格式的动画文件，方便用户使用。本任务将介绍利用 COOL 3D 软件制作三维文字、按钮、标题。

任务完成过程

启动 COOL 3D，进入主界面，如图 9-53 所示，该界面的上方为 COOL 3D 的菜单栏和工具栏，中间有一个黑色背景的窗口，它是 COOL 3D 的主要工作区，所有 3D 文字动画都在这个工作区中进行创作、修改和显示。工作区的下面是 COOL 3D 的百宝箱，存放了所有预设的动画效果和表面材质，COOL 3D 提供了大量的效果库，编辑时可以直接把这些效果运用到自己的作品中，非常方便，这也是 COOL 3D 的最大特点之一，它使整个工作由繁变简，即使不懂得什么专业技能，只要把 COOL 3D 提供的各种效果进行组合、修改和调整，就可以制作出漂亮的动画。

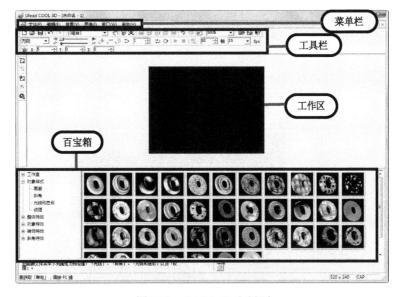

图 9-53　COOL 3D 主界面

1. 制作三维文字

1）启动 COOL 3D 或新建源文件。

2）在"文字插入"对话框中输入文字并设置字体、字号、风格等。

3）在演示窗口中设置关键帧，在关键帧上对文字等对象进行移动、旋转、缩放等编辑操作。

4）利用百宝箱或"编辑"菜单对文字等对象添加特效。

5）利用动画工具栏调试动画。

6）保存源文件或导出动画。

2. 制作动感的立体文字

1）新建一个演示窗口，选择"文件"→"保存"选项，在弹出的"另存为"对话框中选取保存位置，输入文件名"动感的立体文字"，生成 COOL 3D 的源文件，扩展名为.c3d，单击"保存"按钮，如图 9-54 所示。

2）单击对象工具栏中的"插入文字"按钮，在弹出的对话框中输入"常用工具软件"，并设置恰当的字体，如"华文行楷"，然后单击"确定"按钮，如图 9-55 所示。

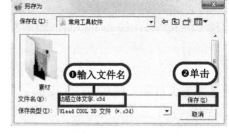

图 9-54　保存设置　　　　　　　　　　　　图 9-55　插入文字

3）双击百宝箱中的"对象样式"节点，展开对象样式列表，其中有四类对象样式，单击某一类，可在其右侧显示样式库。将样式添加在文字对象上的方法有两种：双击或将其拖动到文字对象上。

4）单击"画廊"节点，双击样式库的第三种样式，如图 9-56 所示。

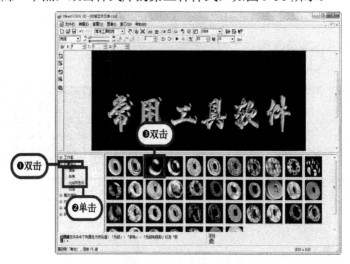

图 9-56　对象样式

5）单击"光线和色彩"节点，双击样式库的第二种样式。

6）单击"斜角"节点，双击样式库的第九种样式。

7）单击"纹理"节点，双击样式库的第二行第二种样式，得到如图 9-57 所示的效果。

图 9-57　动感立体文字效果

8）单击动画工具栏中的"播放"按钮，观看动画效果。

9）选择"文件"→"创建动画文件"→"GIF 动画文件"选项，在弹出的"另存为 GIF 动画文件"对话框中输入文件名和保存位置，其他选项取默认值，单击"确定"按钮，生成动画文件，如图 9-58 所示。

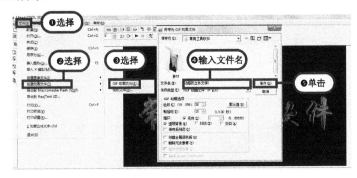

图 9-58　保存为动画文件

3．制作动画按钮

1）新建一个演示窗口，选择"文件"→"保存"选项，在弹出的对话框中选取保存位置，输入文件名"按钮"，生成 COOL 3D 的源文件"按钮.c3d"。

2）选择"图像"→"尺寸"选项，在弹出的"尺寸"对话框中设置动画的画面尺寸为"标准 88×31 像素（小按钮）"，调整标准工具栏中的显示比例为 200%，帧速为 10fps，如图 9-59 所示。

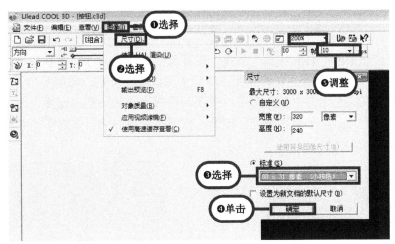

图 9-59　图像尺寸调整

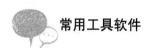

3）双击百宝箱中的"工作室"节点，展开其列表，单击"背景"节点，调出图形样式库，双击浅粉色，将该颜色加到演示窗口，如图 9-60 所示。

4）单击"对象"节点，调出图形样式库，双击右向箭头图形，并通过标准工具栏中的"移动"和"大小"按钮，适当摆放并放大箭头图形，如图 9-61 所示。

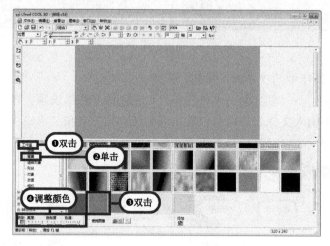

图 9-60　背景设置

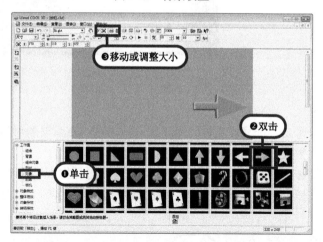

图 9-61　添加"箭头"对象

5）双击百宝箱中的"对象样式"节点，展开其列表，单击"光线和颜色"节点，调出图形样式库，双击深蓝色样式，使箭头图形与背景形成颜色反差，如图 9-62 所示。

6）单击对象工具栏中的"插入文字"按钮，在弹出的对话框中设置字体为"楷书"、"粗体"，输入"继续"两字，单击"确定"按钮，在演示窗口中恰当调整字的位置和大小并对其添加颜色，如图 9-63 所示。

图 9-62　箭头效果

图 9-63　添加文字效果

7）双击百宝箱中的"对象特效"节点，展开其列表，单击"部件旋转"节点，调出效果样式库，双击第五种，产生文字水平向右旋转的效果，如图 9-64 所示。

8）设置帧速为 10fps，单击"播放"按钮，观看动画效果。

9）选择"文件"→"创建动画文件"→"GIF 动画文件"选项，生成动画文件。

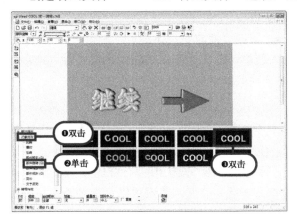

图 9-64　对象特效

4．制作渐变文字

1）新建一个演示窗口，选择"文件"→"保存"选项，在弹出的对话框中选取保存位置，输入文件名"渐变"，生成 COOL 3D 的源文件"渐变.c3d"。

2）单击对象工具栏中的"插入文字"按钮，在弹出的对话框中输入"渐变的文字"，单击"确定"按钮。

3）将帧数增加到 20，将当前帧定位在第 20 帧，单击"添加关键帧"按钮，将第 20 帧设置为关键帧，如图 9-65 所示。

图 9-65　添加关键帧

4）将画面切换到第 1 帧，单击标准工具栏中的"大小"按钮，将文字对象宽度缩小为原来的五分之一，高度缩小为接近一条线，如图 9-66 所示。

图 9-66　调整大小

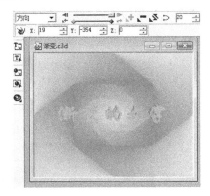

图 9-67　旋转

5）将画面切换到第 20 帧，单击标准工具栏中的"旋转对象"按钮，将文字纵向逆时针旋转 360 度。双击百宝箱中的"工作室"节点，单击"背景"节点，双击一种背景样式，将其添加到演示窗口，如图 9-67 所示。

6）再次切换到第 20 帧，双击百宝箱中的"对象样式"节点，单击"画廊"节点，双击第三种样式，将其添加到演示窗口。

7）设置帧速为 10fps，单击"播放"按钮观看动画效果。

8）选择"文件"→"创建动画文件"→"GIF 动画文件"选项，在弹出的对话框中输入文件名和保存位置，其他选项取默认值，单击"确定"按钮。

5. 制作动画标题

1）新建一个演示窗口，选择"文件"→"保存"选项，在弹出的对话框中选取保存位置，输入文件名"动画标题"，生成 COOL 3D 的源文件"动画标题.c3d"。

2）选择"图像"→"尺寸"选项，在弹出的对话框中设置动画画面尺寸为 8cm 宽、3cm 高。

3）双击百宝箱中的"工作室"节点，单击"组合"节点，调出组合图形样式库，双击样式库中要选用的组合样式，如图 9-68 所示。

4）选择"查看"→"对象管理器"选项，在对象列表中看到，导入到演示窗口中的组合由三个部分构成，单击其中的"ULEAD SYSTEMS"对象。也可以在标准工具栏的对象列表框中单击该节点，如图 9-69 所示。

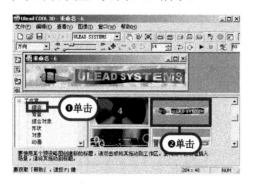

图 9-68　组合　　　　　　　　　　　图 9-69　对象管理器

5）单击对象工具栏中的"编辑文字"按钮，在弹出的对话框中将"ULEAD SYSTEMS"更改为"飞扬的青春"，并设置恰当的字体，如"华文行楷"，然后单击"确定"按钮。

6）在动画工具栏中设置帧速为 15fps，单击"播放"按钮观看动画效果，图 9-70 所示为其中的四幅效果图。

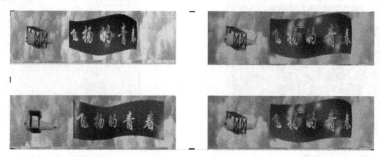

图 9-70　效果图

7）选择"文件"→"创建动画文件"→"GIF 动画文件"选项，在弹出的对话框中输入文件名和保存位置，其他选项取默认值，单击"确定"按钮。

 知识拓展

1. Xara 3D Maker 7

Xara 3D Maker 7 是一款极为简单易用的 3D 文字、图形设计工具，用户无需掌握那些烦琐的 3D 软件专业技巧，便可通过 Xara 3D Maker 7 快速制作专业品质的 3D 动画，软件支持导入 2D 图像文件（WMF/EMF），并支持导出为 GIF/AVI/FLASH 等格式，也可直接生成屏保格式文件。

2. 帧

动画是由许多实际上是静止的画格组成的，相邻画格的图像只有很小的变化且并不连续，但多个画格快速播放时，给人连续运动的错觉。单位时间内播放的画格越多，跳动感越小。动画中的每一个画格称为一帧。

3. 时间轴

动画中每一个画格都独立占用一定的时间，也就是说，在每一瞬间只可能有一个画格出现，而且每一个画格出现的时间相对开始时间而言是固定的，因此可以认为，一段动画可以用时间做标尺，设定各画格出现的时间，这样也方便查找和修改。这一时间标尺就称为时间轴。

4. 关键帧

在使用计算机制作动画时，有的工作可以让计算机去做而不必人工操作，如一个对象由左到右直线运动，如果人工制作，就要每个画格画一次，但实际上可以把起点和终点以及运动的方向告诉计算机由计算机来完成，则此起点和终点就是这一段动画的关键帧。由于动画不总是单一变化的，因此对动画设定新的属性或动作时的画格称为关键帧。

5. 帧速率

帧速率指每秒钟播放的帧数。帧速率越高，动画运动越均匀平滑。电视的帧速率一般为 25～30 帧/秒，在多媒体应用中也常使用 15 帧/秒。

 思考与练习

制作三维效果文字动画"我的校园生活"，并任意添加学过的效果。

任务 9-6　轻松制作动画——SWiSH Max

知识目标

1）通过本任务的学习，了解"帧频"和"精灵"的相关概念；

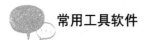

2）熟练掌握 SWiSH Max 制作简单动画的基本方法。

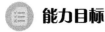 **能力目标**

1）通过本任务的学习，具备制作二维文字的能力；
2）能够输入文字并设置属性，添加文字效果并导出 SWF 文件。

 任务描述

动画制作软件中为何有 Flash 还要有 SWiSH？其实 Flash 和 SWiSH 就像火车与出租车，SWiSH 好比火车，可以很快地由火车站到达动物园等地，但是却无法到达小巷中特定的位置。

本任务以制作二维文字动画为例，效果如图 9-71 所示，讲述 SWiSH Max 的基本使用方法。要求将文字制作为"波浪"的动画效果，然后保存并导出动画。

图 9-71　二维文字静态效果图

 任务完成过程

1. 输入文字并设置属性

1）当 SWiSH Max 启动后，在弹出的窗口中选择"新建"→"空白影片"选项，可以新建一个空白文档。带有空白文档的窗口主界面如图 9-72 所示。

2）在舞台上右击，弹出快捷菜单，选择"影片"→"属性"选项，弹出如图 9-73 所示的"影片属性"对话框，将影片的"背景颜色"设置为浅蓝色、"宽度"设置为 800 像素、"高度"设置为 600 像素，其他选项取默认值。

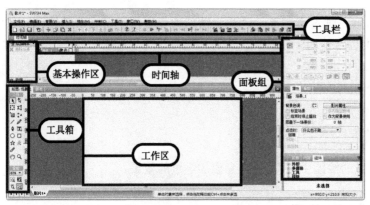

图 9-72　SWiSH Max 主界面

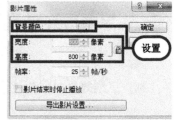

图 9-73　影片属性设置

3）单击工具箱中的"文本"按钮，在工作区中单击并拖动，将出现一个文本框，在文本框中输入"常用工具软件"。

4）在主界面右侧的"属性"面板中修改文本的属性，如图 9-74 所示。设置字体为"华文

172

行楷"、字号为"72"，在字号后面的颜色块中将文字的颜色设置为"红色"。

2．添加文字效果并导出 SWF 文件

在 SWiSH Max 中添加动画效果，使文字能够产生动画，然后将添加的动画效果保存并导出为 SWF 文件。

1）单击基本操作区中的"添加效果"下拉按钮，如图 9-75 所示。在弹出的下拉列表中选择"回到起始"→"摆动—波浪"命令，即可为文字添加所选择的动画效果。本步中，若添加了不满意的效果，可以单击时间轴上的"删除效果"按钮，将不满意的效果删除，然后重新添加动画效果。

图 9-74　文本属性

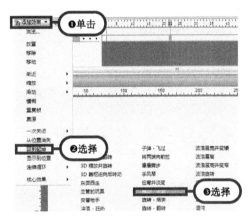

图 9-75　添加效果

2）单击控制工具栏中的"播放影片"按钮或按快捷键"Ctrl+Enter"，预览动画效果，本步中，若要停止预览动画效果，可单击"停止"按钮或按快捷键"Ctrl+Shift+Enter"。

3）单击工具栏中的"保存"按钮或按快捷键"Ctrl+S"，将文件保存为 SWI 文件。选择"文件"→"导出"→"SWF"选项，将文件导出为 SWF 文件。

 知识拓展

1．ATani

ATani 是一款强大的、易于使用的 AVI 和 GIF 动画制作软件，制作动画只需五个步骤。用户可以使用 BMP、GIF、JPG、ICO、PNG 文件作为动画帧。完成后可保存为 GIF 或 AVI 文件。AVI 和 GIF 动画的画面可以使用具有下列扩展名的文件：.bmp、.gif、.jpg、.ico、.png。

2．帧频

在电影、电视以及计算机视频显示器中，帧频是指每秒钟放映或显示的帧或图像的数量。帧频用于电影、电视或视频的同步音频和图像。在动画和电视中，帧频是由电影与电视工程师学会制定的标准。24、25 和 30 帧/秒的 SMPTE 时间代码帧频是通用的，每种用于行业中不同部分。电影的专业帧频是 24 帧/秒，电视的专业帧频在美国是 30 帧/秒。

3．精灵

"精灵"就是 SWiSH Max 中的电影片断，它的作用和 Flash 中的影片剪辑一样，只是名称不同，精灵有自己的时间线，并可以独立运行，如果放在主场景中，它的时间线和主场景中的时间线平行，它还可以相互层层嵌套，在动作脚本语句中通过实例名和路径指向精灵中的某一

动作对象。在精灵中，用户可以加入声音、动作脚本语句、做各种特效等。

4. 打开电影

通过文件中的"打开"选项，可以打开原来已保存的扩展名为.swi 的 SWiSH 影片。如果选择打开图片文件，那么系统会把图片自动插入影片中，若是打开 GIF 动画或扩展名为.swf 的 Flash 文件，系统会提示是否以何种方式导入。SWiSH Max 对用户最近操作的文档有一个自动记录，不用寻找文件就能把最近需要编辑的文档打开。选择"文件"菜单中的最近编辑过的影片文件名，即可快速打开。

 思考与练习

使用 SWiSH Max 制作二维文字动画。

任务 9-7 电子相册——Photo Family

 **知识目标**

1）通过本任务的学习，了解制作电子相册同类软件的功能及特色；
2）掌握简单电子相册制作的一般方法和技巧。

 **能力目标**

1）能够为照片添加标题，设置封面、封底；
2）掌握为照片添加相框、信纸等效果的一般方法；
3）能够导入声音文件，编辑图片，以及将电子相册生成可执行文件格式。

 任务描述

在生活我们会拍很多张照片，要将这些照片制作成精美的电子相册，并为图像添加文字、声音说明，很多制作软件操作步骤烦琐，使用不方便。

Photo Family 是一款全新的图像处理及娱乐软件，它不仅提供了常规的图像处理和管理功能，方便用户收藏、整理、润色相片，更独具匠心地制作出了有声电子相册，使用户的相片动起来，给家庭带来无限情趣。本任务要制作宝宝的电子相册，具体要求是创建电子相册并为照片添加相框、信纸等各种效果，再为照片添加标题，为封面、封底设置图片，并为相册添加背景音乐，最后将电子相册生成为 EXE 文件。

 任务完成过程

1. 创建相册

1）启动 Photo Family。选择"开始"→"程序"→"BenQ"→"Photo Family 3.0"选项，

启动 Photo Family。

2）创建新相册柜。在 Photo Family 的主界面中选择"文件"→"新相册柜"选项或按快捷键"Ctrl+H"，创建新相册柜。此时，在 Photo Family 主界面左上方的"相册管理区"将出现如图 9-76 所示的相册柜。本步骤中，相册柜是存储相册的容器，它可以存储多个相册。在 Photo Family 主界面的"缩略图"窗口中列出了相册柜中存储的所有相册。若存储的相册多于一页，则可单击"缩略图"窗口右下角的按钮进行翻页，如图 9-77 所示。

图 9-76　创建新相册柜

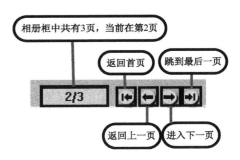

图 9-77　相册翻页

3）修改相册柜名称。新相册柜创建完成后，其默认名为"相册 0"，如图 9-78 所示，可单击该默认名，将其修改为其他名称，如"照片簿"。

4）创建新相册。选择"文件"→"新相册"选项或按快捷键"Ctrl+N"，创建新相册。此时，在"相册管理区"相册柜的下面将出现创建的新相册，缩略图窗口的第一个窗格中也将出现该新相册。本步骤中，若"相册管理区"的相册前面呈"￼"标志，则缩略图窗口的相册将是合着的书的样子，如图 9-79 所示；若单击相册管理区的"相册"按钮"￼"，则该按钮将呈张开显示"￼"，表示显示相册里的内容（若有照片存在，则在"缩略图"窗口中显示相册的照片）。

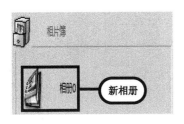

图 9-78　新建相册

图 9-79　相册缩略图

5）修改新相册名称。新相册创建完成后，其默认名为"相册 0"，单击并修改其默认名，也可在"缩略图"窗口中单击默认名"相册 0"并进行修改，如将相册名修改为"宝宝的相册"。本步骤中，相册的名称将出现在生成的电子相册封面中。

2．导入并编辑照片

1）导入照片。当相册处于打开状态"￼"时，选择"文件"→"导入图像"选项或按快捷键"Ctrl+I"，弹出"打开"对话框，在该对话框中选择要导入的照片，然后单击"打开"按钮，即可将图片导入 Photo Family 的"缩略图"窗口中，如图 9-80 所示。本步骤中，照片的名称将作为相册目录中的名称，若要修改其名称，则在"缩略图"窗口中选中要修改的照片，在其名称上单击，再输入新名称即可，如图 9-81 所示。

图 9-80　导入图像　　　　　　　　　　图 9-81　图像缩略图

2）选择一张照片后，单击工具栏中的"编辑"按钮或按快捷键"Ctrl+E"，切换到编辑界面，如图 9-82 所示。

3）将鼠标指针放在编辑界面上方的四个按钮上，将出现不同的效果，图 9-82 所示为将鼠标指针放在"趣味合成"按钮上出现的五个效果。

4）根据图 9-82 中按钮的不同作用，为照片添加效果。例如，若要为照片添加相框，则将鼠标指针置于"趣味合成"按钮上，在弹出的效果上单击"相框"按钮，此时，编辑界面的左侧将出现不同的相框，在其中选择合适的相框后，单击"应用"按钮，将其应用于所选照片，效果如图 9-83 所示。

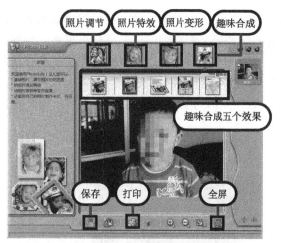

图 9-83　编辑界面　　　　　　　　　　图 9-83　添加相框

5）设置完成后，单击编辑界面底部的"保存"按钮，将编辑后的照片保存。单击编辑界面中的"关闭"按钮，切换到 Photo Family 的主界面中，在该界面中选择下一张照片，按照上述方法操作即可。

6）为图像添加注释。返回 Photo Family 的主界面，在"缩略图"窗口中选择一幅照片，单击工具栏中的"属性"按钮，弹出"图像属性"对话框，在该对话框"注释"文本框中输入文字，为照片添加注释，如图 9-84 所示。

7）输入完成后，单击 按钮，设置注释的字号和颜色，如图 9-85 所示。

8）设置完成后，单击"确定"按钮。按照该方法为其他照片添加注释。

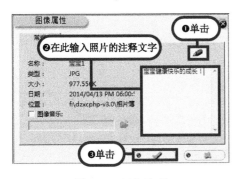

图 9-84　添加注释　　　　　　　　　　　图 9-85　设置注释字体字号

3. 设置相册属性

1）单击"相册管理区"中的"相册柜"图标，返回相册柜界面，在"缩略图"窗口中选中新创建的相册（即"宝宝的相册"），然后单击工具栏中的"属性"按钮，弹出"相册属性"对话框，该对话框中有四个选项卡，分别在各选项卡的下面设置相册的属性。

2）为相册添加背景音乐。在"常规"选项卡中勾选"音乐"复选框，如图 9-86 所示，然后单击其下面的"打开"按钮，将弹出如图 9-87 所示的"音乐设置"对话框，在该对话框中单击"添加"按钮，在弹出的"打开"对话框中选择背景音乐，如图 9-88 所示。注意：本步骤中，Photo Family 所支持的音乐文件格式有三种，分别为*.mp3、*.wav 和*.mid。

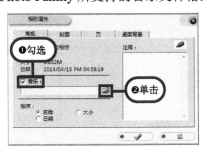

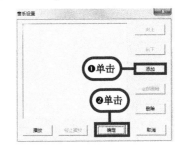

图 9-86　"相册属性"对话框　　　　　　　图 9-87　"音乐设置"对话框

3）选择完成后，单击"打开"按钮，在"音乐设置"对话框中将显示所选音乐文件的路径，然后单击"确定"按钮，在"相册属性"对话框中将显示所选音乐的名称。

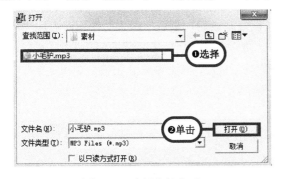

图 9-88　选择背景音乐　　　　　　　　　图 9-89　相册属性"封面"

4）设置封面属性。在"相册属性"对话框中选择"封面"选项卡，如图 9-89 所示。在该对话框中单击"相册的封面图像"按钮，弹出"相册封面属性"对话框，在该对话框的"图像"

选项卡中选择一幅作为封面图像的照片，如图 9-90 所示。

5）为封面照片添加相框。在图 9-91 所示的对话框中选择"相框"选项卡，为封面照片添加一个相框。

图 9-90 "相册封面属性"对话框

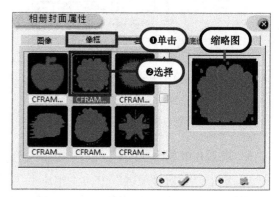

图 9-91 添加相框

6）设置封面文字字体。在图 9-92 中选择"名称"选项卡，在该选项卡中设置文字的字体、字号和颜色。

7）设置封面背景。在图 9-93 中选择"封面底纹"选项卡，在该选项卡中选择一幅封面的背景图。

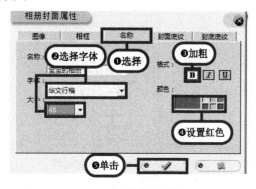

图 9-92 名称设置

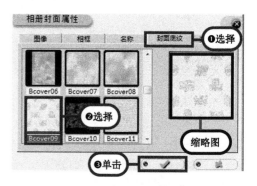

图 9-93 封面底纹设置

8）设置封底背景。在图 9-92 中选择"封底底纹"选项卡，在该选项卡中为封底设置背景。例如，将封底背景设置为与封面相同的背景图。设置完成后，单击"确定"按钮，返回"相册属性"对话框，在该对话框中选择"页"选项卡，在该选项卡中，"图像排列"为"1×1"、在"页面背景"的下拉列表中选择相册内部页面的背景，如图 9-94 所示。注意：本步骤中，"图像排列"为"1×1"表示相册的每页中只显示一幅照片，也可以选择其他选项，如"2×1"表示每页中有 2 幅照片并排成 1 列显示。

9）在图 9-95 中选择"桌面背景"选项卡，弹出 "相册属性"对话框，在该对话框中选择一幅图片作为桌面的背景图。

10）设置完成后，单击"确定"按钮即可。

4．浏览并生成相册

1）在 Photo Family 的主界面中选中要浏览的相册，单击工具栏中的"浏览"按钮，切换到相册浏览模式，如图 9-96 所示。默认情况下使用手动操作进行浏览，若要浏览相册，在相册上单击即可。Photo Family 也可以自动播放相册，单击相册浏览模式上方的"自动播放"按钮，即可自动播放相册。注意：本步骤中，若要自动播放相册，可以设置自动播放的时间，在翻页速度中设置时间，如输入 5，表示每隔 5 秒播放一页；若要停止自动播放，则可单击"停止播放"按钮；若要在浏览过程中播放背景音乐，则可单击"音效设置"按钮。

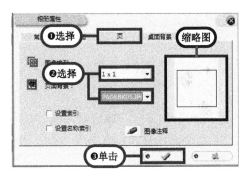
图 9-94 设置页

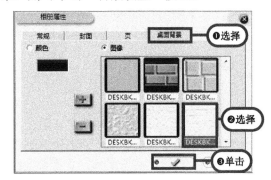
图 9-95 设置桌面背景

图 9-96 相册浏览模式

2）在 Photo Family 主界面的"缩略图"窗口中选择相册后，选择"工具"→"打包相册"选项或按快捷键"F9"，弹出如图 9-97 所示的"打包相册"对话框，在该对话框的"选项"选项组中勾选"保存背景音乐数据"和"自动大小"两个复选框。

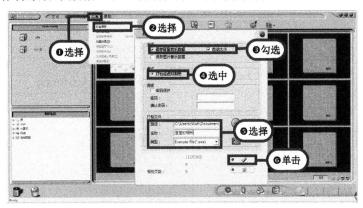
图 9-97 打包相册

3）在"模式"选项组中选中"打包成虚拟相册"单选按钮，若要设置密码，则可勾选"密码保护"复选框，然后输入密码。

4）单击"打包文件"选项组中"路径"右侧的"缩图浏览"按钮，弹出"选择目录"对话框，在该对话框中选择打包后的文件存放的路径，然后单击选择按钮，返回如图 9-98 所示的对话框中，在该对话框"名称"选项右侧的文本框中输入打包相册的名称，在"类型"下拉列表中选择生成的相册为 EXE 文本。

5）设置完成后，单击"确定"按钮，即可将相册打包生成 EXE 文件。

知识拓展

1. PocoMaker

PocoMaker 是广州数联软件技术有限公司继 Poco 2005 后的又一款旗舰级产品。PocoMaker 是一个傻瓜式的电子相册、电子读物快速制作工具。它支持模板替换，可生成千姿百态的电子相册，不需要任何辅助浏览工具，真正做到纯洁、绿色、完美。

2. iebook

iebook 是飞天传媒于 2005 年 1 月正式研发推出的一款互动电子杂志平台软件，iebook 以影音互动方式的全新数字内容为表现形式，集数码杂志发行、派送、自动下载、分类、阅读、数据反馈等功能于一身。iebook 现有注册用户近 200 万，并保持每日 30 万以上的活跃用户，iebook 杂志总下载数超过 1000 万，iebook 是最具规模的互动电子杂志发行平台。

思考与练习

制作"我的学习生活"电子相册，要求制作出封面、封底效果，并导出 EXE 格式。

模块学习效果评价表

学习效果评价表						
内　容				评 定 等 级		
学 习 目 标		评 价 项 目	A	B	C	D
职业能力	能熟练掌握 ACDSee 中图片的浏览、编辑、管理的基本方法	能浏览图片				
		能对图片添加文字等				
		能对图片进行格式转换				
	能熟练掌握 iSee 中浏览图像、相片排版、相框合成、动画制作的一般方法	能从移动设备中获取并浏览图像				
		能对图像进行批量处理				
		能制作简单的 GIF 动画				
		能对图像进行相框合成				
		能对图像进行排版				
	能利用 HyperSnap 进行屏幕捕获	能对窗口、区域、文本进行捕获				
		能进行手绘、多区域捕获				
		能滚动捕获整个页面				
		能对视频或游戏界面进行捕获				

续表

学习效果评价表						
内　容			评 定 等 级			
学 习 目 标	评 价 项 目		A	B	C	D
	能对捕获的图像进行编辑					
能通过光影魔术手图像进行编辑	能浏览图像及裁剪大小					
	能对图片进行边框添加、白平衡调整、数码补光等操作					
	能对人像进行美容					
能利用 COOL 3D 制作立体文字	能制作动感立体文字					
	能制作动画按钮					
	能制作渐变文字					
	能制作动画标题					
能利用 SWiSH Max 制作二维动画	能输入文字并设置属性					
	能添加文字效果并导出为 SWF 文件					
能利用 Photo Family 制作电子相册	能创建相册					
	能导入并编辑照片					
	能对相册属性进行设置					
	能浏览并生产相册					
通用能力	交流表达能力					
	与人合作能力					
	沟通能力					
	组织能力					
	活动能力					
	解决问题的能力					
	自我提高的能力					
	革新、创新的能力					
综合评价						

模块 10

视频信息处理

任务 10-1 专业视频播放——暴风影音

知识目标

1）通过本任务的学习，了解 RMVB 格式、QuickTime 格式的相关概念；
2）熟练掌握暴风影音软件中视频文件个性化浏览的基本方法；
3）掌握暴风影音软件中视频文件高品质播放的调节和设置方法。

能力目标

1）通过本任务的学习，具备视频暂停、快进、停止、全屏、跳过片头片尾、断点续看等操作能力，能够自由浏览视频；
2）学会视频截屏、字幕载入的一般方法；

3）能够对声音、字幕、画质进行基本的设置和调整。

 任务描述

经常用计算机观看电影、电视剧等视频文件，会发现计算机自带的影音播放软件 Windows Media Player 并不能打开时下流行格式的视频文件，因而带来观看上的不便。

暴风影音播放器被称为"万能"媒体播放器，是目前支持格式最多的一款软件。它支持高清硬件加速，可进行多音频、多字幕的自由切换，并且支持最多数量的手持设备生成的视频文件，在播放领域已经处于领先的地位。

 任务完成过程

暴风影音提供和升级了系统对绝大多数影音文件和流的支持，包括 RealMedia、QuickTime、MPEG2、MPEG4、VP3/6/7、FLV 等流行视频格式，可完成当前大多数流行影音文件、流媒体、影碟等的播放。除此之外，暴风影音还具有视频跳转、字幕调节、屏幕捕捉、画质设置等非常实用的功能。

1. 启动暴风影音

正确安装结束后，双击桌面图标即可启动软件，其主窗口如图 10-1 所示。这里暴风盒子聚集了最新、最热的海量在线视频，即点即播，用户可以免费观看。

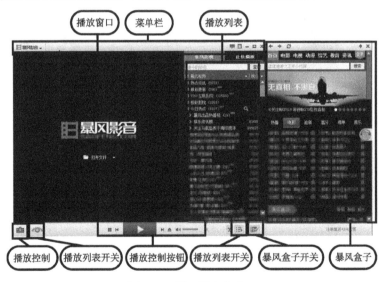

图 10-1　暴风影音主窗口

2. 个性化播放视频文件

1）启动暴风影音。

2）按需求方式打开。

在软件菜单栏中选择"文件"选项，在其展开的二级菜单中可以发现，暴风影音有多种打开方式，如图 10-2 所示。

① 如果用户要播放本地视频文件，只需在主菜单中选择"文件"→"打开文件"选项，在弹出的对话框中选择媒体文件进行播放即可。

② 如果用户需要播放网络中的媒体文件，只需在主菜单中选择"文件"→"打开 URL"选项，在弹出的对话框中输入网络媒体的链接地址，然后单击"确定"按钮即可。

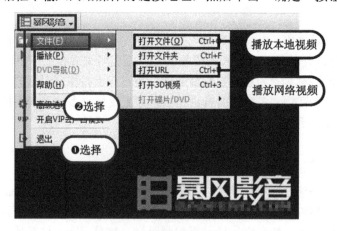

图 10-2　按需求方式打开

3）个性化播放。使用上述的多种打开方式播放视频文件以后，主窗口下方的播放控制按钮会全部被激活。根据实际情况，用户可以通过播放控制按钮实现暂停、后退、快进、停止、全屏、皮肤切换等操作，如图 10-3 所示。

图 10-3　播放控制按钮

3．跳过片头和片尾

当观看多集电视剧的时候，有些用户不想重复观看片头和片尾，而想跳过片头和片尾，直接观看影片内容。遇到这个问题时，就要使用暴风影音的"跳过片头片尾"功能来解决，具体操作如下。

1）启动暴风影音，将多集电视剧添加到播放列表中。在这里要强调，只有多集电视剧连续播放时，才有必要设置跳过片头片尾，单独一集手动跳过即可。

2）播放其中任意视频，在进度条的片头位置右击，在弹出的快捷菜单中选择"设置片头"选项，以同样的方法，在适当位置"设置片尾"。

3）设置完成后，在本次播放列表中的其他视频文件都会应用此次跳过片头片尾设置。

设置片头片尾的操作过程如图 10-4 所示。

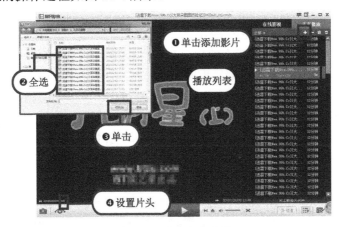

图 10-4　跳过片头片尾

4. 截屏

用户在欣赏影片时，假如遇到十分喜欢的画面想保留下来，可以使用暴风影音自带的截屏功能。其具体操作如下。

1）使用暴风影音播放一个影片。

2）单击窗口左上角的下拉按钮，选择"高级选项"选项，在弹出的"高级选项"对话框中设置截图保存路径、格式和连拍次数，如图 10-5 所示。

3）遇到喜欢的画面时暂停播放影片，使最美的画面停留在当前播放器中。按"F5"键，进行截屏，屏幕左上角会出现"截图成功"的字样，此时影片中的画面就被保存为图像，保存到设置好的路径文件夹中。

4）在影片播放过程中，按住"F5"键不放，软件会连续截屏，最大次数与设置的连拍次数一致，如图 10-6 所示。

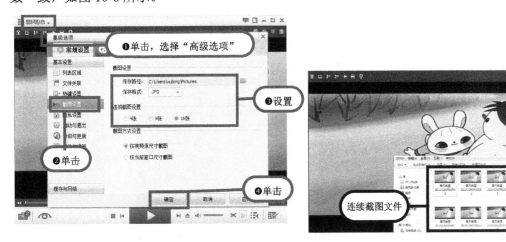

图 10-5　截屏设置　　　　　　　　　　　　　图 10-6　连续截屏效果

5. 手动载入字幕

一般用户观看视频时字幕显示就已经内嵌到影片中了，不需要手动载入字幕。但有时用户想要观看多种语言的同时显示字幕，这时就要重新下载字幕文件，然后手动载入字幕。其具体

操作如下。

1）从网站中下载与影片配套的字幕文件。

2）启动暴风影音软件，并播放一个影片文件。

3）在软件主窗口中右击，在弹出的快捷菜单中选择"字幕选择"→"手动载入字幕"选项，此时弹出如图 10-7 所示的对话框。需要说明的是，扩展名为.srt 的文件是文本字幕最流行的一种格式，它制作简单规范，仅由时间代码和字幕组成，所以修改相当简单。

4）选择已经准备好的字幕文件，单击"打开"按钮，即可加载字幕文件。字幕载入成功后，就可以与影片同步播放了，图 10-8 所示下方字幕已经被载入。

需要提醒用户的是，手动载入字幕的过程必须是在影片播放的时候加载的，如果影片没有被播放，或者字幕文件名与影片名不一样，则字幕是不能够被载入成功的。

图 10-7　手动载入字幕　　　　　　　　　图 10-8　字幕载入成功

6. 字幕调节

在暴风影音中可以对播放的媒体文件的字幕进行调节，具体操作如下：

1）启动暴风影音，播放窗口中选择"字幕选择"→"字幕设置"选项，软件会自动弹出字幕设置对话框，如图 10-9 所示。

图 10-9　字幕调节

2）在此对话框中，用户可以手动添加字幕、更改字幕字体和大小、字体颜色、更改字幕在屏幕中的位置以及字幕延迟时间。具体的设置内容，根据实际情况有所不同，这里不再赘述。

7. 音频调节

如果用户对播放媒体的声音有所要求，则可以对音频进行调节，具体操作如下。

1）启动暴风影音，将鼠标指针悬停在播放窗口中，在其顶部会自动出现图标，单击该图标，显示如图 10-10 所示的"音频调节"对话框。

2）在"声道"菜单中，可以选择左右声道单独播放；若在"声音提前"或"声音延后"文本框中输入秒数，则可以解决影片内容与音频不同步的现象。

图 10-10　音频调节

8. 画质调节

用户如果想改变画质偏色的问题，还可以使用"画质调节"功能，对画面进一步改善，具体操作如下。

1）启动暴风影音，将鼠标指针悬停在播放窗口中，在其顶部会自动出现图标，单击该图标，弹出如图 10-11 所示的"画质调节"对话框。

2）通过拖动调节滑块，可以分别改变图像的对比度、亮度等参数。

图 10-11　画质调节

9. 选项设置

在暴风影音主窗口中选择"播放"→"高级选项"选项，此时弹出如图 10-12 所示的"高级选项"对话框。

在"文件关联"选项卡中，用户可以添加或取消某种文件的关联。

在"热键设置"选项卡中，用户可以开启或关闭"老板键"，并可以对所有快捷键进行重

新设置。

在"高清播放"选项卡中，用户可以开启或关闭硬件加速。当开启高清硬件加速时，软件会根据用户所播放的高清文件类型以及显卡硬件的加速能力，智能选择所需的渲染器，最大限度地发挥显卡能力，让用户真正体验到高流畅度的清晰画面。

图 10-12　"高级选项"对话框

10. 左眼

简单来说，左眼键的作用就是提高画质，增强真彩色，把一般画质的电影转换成高清画质的电影，同时提高色彩分辨率。

至此，暴风影音常用的使用方法和相关设置已介绍结束。对于未介绍的使用方法，希望读者在今后的使用过程中自己摸索实践，这里不再赘述。

知识拓展

1. RMVB 格式

RMVB 格式的前身是 RM 格式，它们是 Real Networks 公司制定的音频视频压缩规范。RM 格式采用的是固定码率编码，RMVB 格式采用的是动态码率编码，后者较前者在画质方面清晰了很多。由于采用了动态的码率编码，RMBV 格式可以根据不同网络传输的速率，制定出不同的压缩比率，使得在速率较低的网络环境中能够进行视频数据的实时传输和播放，应用十分广泛。

2. QuickTime

QuickTime 是苹果公司开发的一种视频编码格式，具有较高的压缩率和完美的视频清晰度，最大的特点是跨平台性，它既支持 Mac OS，又支持 Windows 系列。常见的 QuickTime 视频文件格式以.mov 或.qt 作为扩展名。

3. MKV

MKV 不是一种压缩格式，而是 Matroska 的一种媒体文件，Matroska 是一种新的多媒体封装格式，也称多媒体容器。它可将多种不同编码的视频及 16 条以上不同格式的音频和不同语言的字幕流封装到一个 Matroska Media 文件中。MKV 最大的特点就是能容纳多种不同类型编码的视频、音频及字幕流。

4. 吉吉影音

吉吉影音是一款基于准视频点播内核的、多功能的、个性化的播放器软件；集成了全新播放引擎，不但支持自主研发的准视频点播技术。吉吉影音拥有自主的播放解码技术，无需安装

RealPlayer、MediaPlayer 等第三方播放软件；全面支持视频、音乐、动画，支持 WMV、RM、RMVB、MP3、AVI、WMA、ASF、MPG、FLV 等流行媒体文件格式。它是免费的 BT 点播软件，用户只需通过 1 分钟的缓冲即可直接观看丰富的 BT 影视节目。

思考与练习

1．使用暴风影音软件，为喜欢的影片添加双语字幕。

2．打开暴风盒子，上网搜索动画片《雪孩子》，通过调节画质和音效，使观看效果更好，通过截屏、连拍等功能，截取播放过程中喜欢的画面。

任务 10-2 捕获屏幕视频——屏幕录像专家

 **知识目标**

1）通过本任务的学习，了解视频文件中 FLV 格式、AVI 格式的含义和特点；

2）掌握简单屏幕录像、教程制作、视频录像的基本方法，并对视频文件格式的转换有个初步的认识。

能力目标

1）具备屏幕录像、教程制作、视频录像三种基本屏幕录像的操作能力；

2）能够按需要进行屏幕录像，并能对录制好的视频文件做必要的格式转换。

 任务描述

生活中往往遇到这样的问题，我们希望将一个人在计算机上的操作过程，以视频的形式记录下来，然后整理成一系列的教程，推广出去；或者想对计算机上、网络上视频播放器中的内容录像，然后作为视频资料来编辑利用。想解决这些问题，我们可以使用屏幕录像专家软件。

屏幕录像专家是一款专业的屏幕录像制作工具，通过该软件能够轻松地将屏幕上一举一动制作成教学课件，并且它输出的视频格式也极为方便，如 Flash 动画、WMV 动画、AVI 动画或者自播放的 EXE 动画。该软件操作简单，功能强大，是制作视频教学课件的首选软件。

 任务完成过程

在对屏幕操作进行录制前，需要进行一定的工作准备，这里按照实际操作的步骤对录像的整个过程加以讲述。

1．准备工作

1）在全屏录制的情况下，需要考虑屏幕的分辨率。如果录制后留在本地机器上观看，那么分辨率可以自行设置；如果要制作教程分享给其他用户观看，则要注意分辨率的大小。

例如，本地显示器是宽屏 1440×900 像素，录制完成后放在普通屏幕的计算机上，画面会显示不全，而且显示效果非常不好。这里建议将宽屏显示器的分辨率设置为 1024×768 像素，虽然录制的时候画面变形了，但录制完成后，可将分辨率再改回来，即便在其他计算机上播放也能有很好的效果。

2）设置计算机的颜色值。一般的显示器颜色质量为 32 位，如果用户计算机配置较好，则无须设置；如果配置较低，建议将显示器的颜色值设置成 16 位，这样录制速度比较快，而且录制屏幕动作时占用的系统资源比较少。

3）如果需要在屏幕录像时同步录音，还需要将话筒正确连接在计算机上，然后使用 Windows 自带的"录音机"进行录音测试。如果不需要同步录音，则可以将录制好的动画在后期制作时进行配音。

2. 录制最简单的屏幕录像

1）启动软件。选择"基本设置"选项卡，在默认设置情况下该选项卡中的"直接录制生成"复选框被勾选，而且"LXE"单选按钮也被选中，这里用户无须设置任何参数。

需要特别说明的是，直接生成 LXE 格式的文件是软件新增的一种格式，其实 LXE 和 EXE 是同一种格式，区别是 EXE 格式文件复制到其他计算机上可以直接播放，而 LXE 格式文件则需要使用播放器进行播放。但是，如果计算机被病毒感染，那么录制的视频同样无法播放。所以这里建议用户选择 LXE 格式。

2）按"F2"键，软件自动最小化到任务栏，此时进入屏幕录制状态并开始录制。

3）按"F3"键，暂停录制。再次按"F3"键，即可继续录制。

4）在录制过程中，再次按"F2"键即可停止录制。随后软件将刚才录制的片段输出并存放在"录像列表"中，双击该录像即可进行播放。此外，右击该视频片段，在弹出的快捷菜单中，用户还可以对其进行更为丰富的其他操作，如图 10-13 所示。

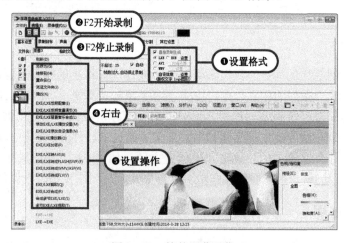

图 10-13　简单屏幕录像

3. 制作教程

用户如果需要将在本地计算机中操作的一系列步骤录制下来，并提供给他人学习，则除了之前介绍的录制方法外，还需要进行相关设置才符合教程的标准，具体操作如下。

1）根据实际情况设置屏幕分辨率、颜色质量和连接话筒等，并启动该款软件。

2）在软件主界面中选择"基本设置"选项卡，此时进入该选项卡的详细界面。在此选项卡中，勾选"直接录制生成"和"LXE"复选框，保证录制后的文件直接生成 LXE 文件。

3）为使录制出来的画面连贯，可以将"录制频率"设置为 5 帧/秒，当然根据计算机配置情况可以设置的更高。至于"同时录制声音"、"同时录制光标"和"录制透明窗体"等选项，用户可以根据实际情况自行选择。

4）选择"声音"选项卡，此时进入"声音设置"详细界面。在"声音来源"下拉列表中选择声音的输入设备。设置完成后，检查是否能正常录音，一般情况下录制 10 秒即可。

5）待所有设置完成后，按"F2"键开始屏幕录像，在录制过程中按"F3"键可以暂停录制，再次按"F3"键时即可继续录制，再次按"F2"键即可停止录像。全部操作如图 10-14 所示。

4. 录制视频

录制视频指的是将计算机播放的视频内容，如视频聊天窗口、播放的电影等，通过屏幕录像专家录制下来，具体操作如下。

1）启动屏幕录像专家，打开需要录制的视频。这里需要注意的是，录制的内容一定要以原始大小播放，不要在全屏播放时进行录制。

2）在软件主界面中选择"基本设置"选项卡，确保勾选"录制视频"复选框；取消勾选"同时录制光标"复选框；适当增大录制频率，这里设置为 15 帧/秒；勾选"直接录制生成"和"AVI"两个复选框，如图 10-15 所示。

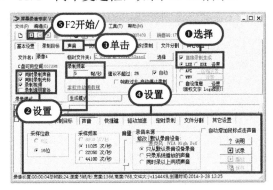

图 10-14　制作教程

图 10-15　基本设置

3）选择"录制目标"选项卡，此时进入"录制目标"详细界面，如图 10-16 所示。

4）在"录制目标"选项卡中，选中"窗口"单选按钮，此时软件自动隐藏，并出现范围标记，移动鼠标指针到要录制的视屏播放窗口上方并单击，即可确定选定的窗口。

5）选择"声音"选项卡，单击"录制电脑中播放的声音"按钮。

6）待所有设置完成后，开始播放视频文件，然后按"F2"键即可开始录像。

5. 后期配音

如果录制过程中周围环境对声音影响较大，还可以单独为视频重新进行后期配音，具体操作如下。

1）启动屏幕录像专家，并完成一段屏幕录像。此时，录制后的名称显示在录像列表中。

2）右击某个录像，弹出快捷菜单，选择"EXE/LXE 后期配音"选项，弹出 EXE 配音对话框。

3）单击"现在配音"按钮，整个屏幕开始播放刚才录制的视频。这时，用户可以通过麦克风边观看播放的视频，边增加配音，如图 10-17 所示。

图 10-16　目标录制

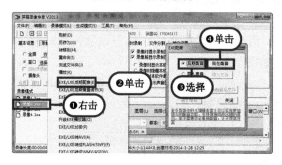

图 10-17　后期配音

6．EXE/LXE 转换为 Flash

用户如果想要将录制的视频放在网页中直接播放，Flash 格式的视频文件是一个不错的选择，将录制好的 EXE 视频文件转换为 Flash 格式的具体操作方法如下。

1）在软件默认设置下录制的视频都直接生成为 LXE 文件，并且显示在录像列表中。右击某个录像，弹出快捷菜单，选择"EXE/LXE 转换成 Flash"选项，此时弹出生成 Flash 对话框。

2）在此对话框中，选中"使用流式声音（MP3）"单选按钮，声音就会转换成 MP3 格式，并以声音流的形式添加到 Flash 文件中。这里流式声音可以确保生成的 SWF 文件在播放时声音和图像绝对同步。

3）设置完成后，单击"确定"按钮，在弹出的对话框中选择保存位置，然后单击"保存"按钮。随后弹出"流式声音比特率"对话框，根据需要选择某个声音比特率，单击"确定"按钮。经过一段时间的转换，录像被转换成 SWF 文件，如图 10-18 所示。

至此，屏幕录像专家常用的操作已经讲述结束，对于其他的功能和设置由于篇幅所限，这里不再赘述，有兴趣的读者可以根据需要进一步研究学习。

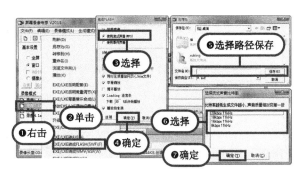

图 10-18　EXE/LXE 转换为 Flash

 知识拓展

1. FLV 格式

FLV 格式是随着 Flash MX 的推出和发展而来的视频格式。由于它形成的文件极小、加载速度极快，使得网络观看视频文件成为可能，它的出现有效地解决了视频文件导入 Flash 后，导出的 SWF 文件体积庞大，不能在网络上很好地使用等问题。

2. AVI 格式

AVI 即音频视频交错格式，是将语音和影像同步组合在一起的文件格式。它对视频文件采用了一种有损压缩方式，但压缩比较高，因此尽管画面质量不是太好，但其应用范围仍然非常广泛。

3. FRAPS

这是一款显卡辅助软件，使用它可以轻松了解机器在运行游戏时的帧数，从而了解机器的性能。另外，它具备在游戏中截图和视频捕捉功能，可以方便地进行截图和动画捕捉。它录制的视频是无损压缩的 AVI 格式，质量较高，而且不丢帧。其缺点是录制的文件较大，因此如果想要缩小文件，可以使用视频编辑软件进行格式转换、降低分辨率等方法。

 思考与练习

1．利用屏幕录像专家，录制一段屏幕操作的视频，最好是课堂上老师讲解的案例，并将该视频转换成 FLV 格式，上传到互联网上，以便同学之间互相学习使用。

2．以小组为单位，上网搜索一部最喜欢的电影，进行屏幕录像，并使用后期配音功能，为电影中不同的角色加上独特的配音，看看会不会有不同的感觉。

任务 10-3　浏览网络视频——PPLive

 **知识目标**

1）通过本任务的学习，了解 PPLive 的特点和优越性，了解时下流行的"蓝光"的概念和

由来；

    2）知道视频点播和直播的区别；

    3）掌握利用 PPLive 收看视频和点播节目、收看多个节目的基本方法和技巧。

 能力目标

    1）通过本任务的学习，具备点播视频和观看直播节目的操作能力；

    2）学会收看多个节目的一般方法；

    3）能够对自己喜欢或者需要的视频进行查找和收藏。

任务描述

    在信息时代忙碌的生活中，随着互联网的普及，我们希望计算机能够取代电视，电视台的节目在计算机上也可以轻松观看，同时我们需要随心所欲地观看大量的电视剧和电影。这些 PPLive 都可以帮我们解决。

    PPLive 是一款用于互联网上视频直播的共享软件，它是全球领先的、规模最大，拥有巨大影响力的视频媒体，有比有线电视更加丰富的视频资源，各类体育频道、娱乐频道、动漫和丰富的电影尽收眼底。

    与其他同类软件相比，PPLive 使用网状模型，有效解决了当前网络视频点播服务中带宽和负载有限的问题，具有用户越多播放越流畅的特性。另外，PPLive 独特的蓝光高清服务，为用户带来了不一样的视听体验。

 任务完成过程

    在安装 PPLive 时，要求用户系统中必须安装 10.0 或更高版本的 Windows Media Player 播放器。下面介绍 PPLive 的使用方法。

    1．启动 PPLive

    启动 PPLive，进入其操作界面，窗口任务栏中列出了"播放器"、"节目库"、"云"等不同功能选项卡，用户可以根据自己的需要进行选择，如图 10-19 所示。

图 10-19　PPLive 启动界面

    2．选择电台直播节目

    1）选择"节目库"选项卡，在界面右侧的电台节目和热门节目列表区中单击感兴趣的电视台，软件自动跳转到播放器窗口，这时就可以观看该电台该时间段的电视节目，节目内容与有线电视同步，如图 10-20 所示。

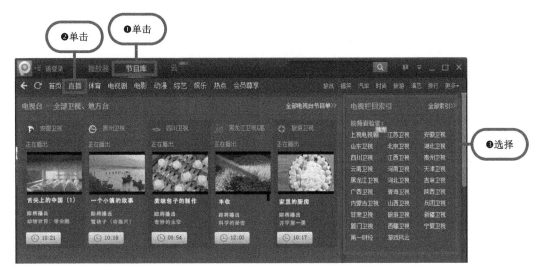

图 10-20 选择电台节目播放

2）在"节目库"中，单击屏幕中间的"全部电台节目单"连接就会弹出所有电台播放节目时间列表，用户可以根据自己的需求按时观看，也可以通过这种方式了解电台节目的预告，如图 10-21 所示。

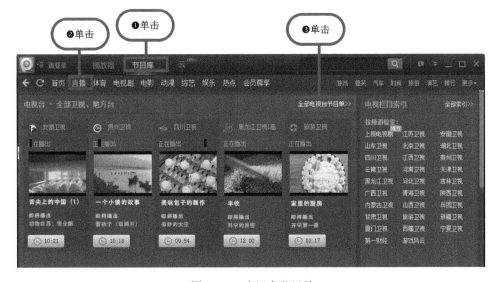

图 10-21 电视台节目单

3. 搜索节目播放

如果知道节目名称，但不知道节目放在哪个目录中，则可以通过搜索功能查找喜欢的节目。在右侧节目列表顶部的搜索栏中输入节目的关键字，下面就会列出所有包含此关键字的节目，如图 10-22 所示，双击节目名称就可以观看。

图 10-22　搜索节目播放

4.　点播影片

PPLive 除了可以观看正在播放的电台节目内容外，还可以点播自己喜欢的影片。与观看电台节目内容不同的是，点播影片是从影片开头开始播放的，而不是正在播放什么内容就只能观看什么内容，所以用户可以根据自己的意愿观看喜欢的影片。下面详细介绍其操作方法。

1）在软件界面上方选择"体育"、"电视剧"、"电影"、"动漫"、"综艺"、"娱乐"、"热点"选项卡，打开点播列表。

2）我们以观看动画片电影为例。选择"电影"选项卡可以跳转到相应的目录，然后在电影节目索引中，选择"动画"选项，页面会自动跳转到"动画"电影界面，用户可以根据列出的动画电影的预览图片进行观看，如图 10-23 所示。

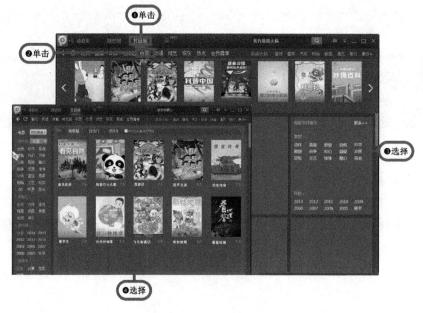

图 10-23　点播动画影片

5．收藏并关注更新

1）新版 PPLive 具有一个方便的功能，只要是用户观看过的视频都会自动添加到播放器窗口右侧的播放列表中。如果是在线更新的剧集，则剧集名称右侧会有附带加号的数字，表示剧集有更新，数字表示更新的集数。

2）另外，用户也可以在影片图片预览的界面中，单击每个影片下方的心形标记，将自己喜欢的节目添加为收藏，添加完收藏后的内容也可以在播放列表中进行关注和更新，如图 10-24 所示。

图 10-24　添加收藏

6．收看多个节目

PPLive 为用户提供了一个可以收看多个节目的平台，它可以让用户体验到同时收看两个或多个节目的乐趣，只要用户的机器性能在软件要求的配置以上就可以进行播放，但是效果受网络的影响，网络不好会造成画面断断续续。下面具体介绍其操作方法。

1）在软件顶部菜单栏中选择"主工具"→"设置"选项。

2）在弹出的设置对话框中选择"常规设置"选项，取消勾选"只允许运行一个 PPLive"复选框，然后单击"确定"按钮，如图 10-25 所示。

图 10-25　观看多个节目设置

3）再次运行 PPLive 软件就会弹出软件窗口，在任务栏的系统托盘中也会出现两个 PPLive 的图标。

4）按照之前的操作，在新弹出的软件窗口中选择喜欢的节目进行播放，即可实现多个节目的同时播放。效果如图 10-26 所示。

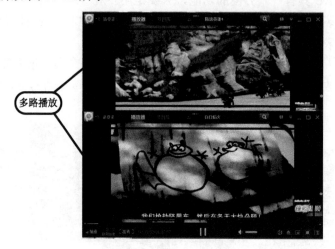

图 10-26　多个节目观看效果

知识拓展

1. 蓝光

蓝光也称蓝光光碟，是 DVD 之后新时代的高画质影音储存光盘媒体。蓝光利用波长较短的蓝色激光读取和写入数据，并因此而得名。蓝光极大地提高了光盘的存储容量，对于光存储产品来说，蓝光提供了一个跳跃式发展的机会。

2. VCD

VCD 是一种在光碟上存储视频信息的标准。VCD 可以在个人计算机或 VCD 播放器以及大部分 DVD 播放器中播放。VCD 标准由索尼、飞利浦、JVC、松下等电器生产厂商联合于 1993 年制定，属于数字光盘的白皮书标准。

3. DVD

DVD 是一种光盘存储器，通常用来播放标准电视机清晰度的电影。DVD 与 CD 的外观极为相似，它们的直径都是 120mm 左右。最常见的 DVD 单面单层的资料容量约为 VCD 的七倍。

4. HDVD

HDVD 可以在普通 DVD 机上播放，介质为 DVD-5（容量 4.7GB），通常是 DVD-9（容量 9.4GB），采用 MPEG-1 或是 MPEG-2 编码，由于码流较低，所以每张盘可容纳长达七个小时的视频节目（即 8～10 集的电视剧），画质水平略高于或等同于 VCD。

5. 风行

风行提供高清电影及电视剧的免费在线点播服务，支持网络电视、在线电影点播、免费电影下载、在线网络电视、边下边看功能。它采用全球最先进的 P2P 点播，高速流畅，高清晰度，上万部免费电影、网络电视、动漫综艺，并且每日更新。

思考与练习

1. 使用 PPLive 搜索喜欢的影片并进行观看。
2. 对 PPLive 进行设置，使其可以同时观看两个节目。

任务 10-4 编辑个性视频——会声会影

 知识目标

1）通过本任务的学习，了解数码摄像机的类型、AVCHD 格式和 720p 与 1080i 等相关知识；

2）学会视频文件导入、视频编辑，视频输出的一般方法和技巧。

 能力目标

1）能够通过"捕获视频"、"DV 快速扫描"和"从数字媒体导入"等多种导入视频的方法对视频进行导入；

2）掌握添加片头，片头文字，视频截取，视频连接，视频转场等视频编辑的基本操作方法；

3）能够把编辑好的视频导出为 DV、HDV 等格式，实现不同用途。

 任务描述

录制好的视频有时候想对其进行简单的编辑，专业的 AE 软件对机器的硬件要求高，而且对于初学者来说也比较复杂，所以用户往往需要一个简单易学，又方便实用的视频编辑软件，来解决生活中的简单视频编辑问题。

会声会影是一个功能强大的视频编辑软件，完全符合普通家庭用户对影片剪辑的需要。它支持多种影音格式，具有专业级的影片编辑环境，提供超过 100 种的编制功能与效果，可制作 DVD 和 VCD 等。

 任务完成过程

由于会声会影 X5 功能较多，这里以编辑制作一个"校园生活纪录片"为例，讲述会声会影的基本使用方法。

1. 捕获媒体文件

1）启动会声会影 X5，在软件主界面左上角单击"捕获"按钮，此时界面如图 10-27 所示。在界面中部有"捕获视频"、"DV 快速扫描"和"从数字媒体导入"等多种导入视频的方式可

常用工具软件

供选择。

① 捕获视频：指从外部设备捕获视频。

② DV 快速扫描：指扫描 DV 磁带，然后捕获视频。

③ 从数字媒体导入：指从视频光盘、SD 卡或光盘摄像机导入视频。

④ 从移动设备导入：指从移动设备导入视频或图像。

⑤ 定格动画：指创建或编辑定格动画。

2）根据实际情况，这里将录制好视频的 SD 卡连接至计算机，然后选择"从数字媒体导入"选项。这时弹出"选取'导入源文件夹'"对话框，在此对话框中，选择需要导入的媒体文件，然后单击"确定"按钮。此时弹出"从数字媒体导入"对话框，选择要导入的文件，然后单击"起始"按钮，如图 10-27 所示。

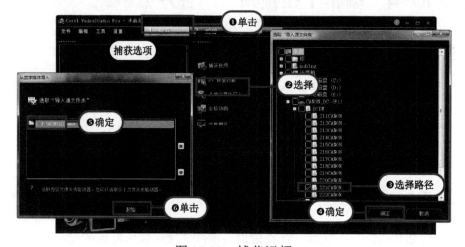

图 10-27　捕获视频

3）单击"起始"按钮后，弹出"从数字媒体导入"对话框。在此对话框中，根据需要选择必要的视频或图像，然后设置文件保存的位置，单击"开始导入"按钮。

4）经过一段时间的数据采集，弹出"导入设置"对话框。根据需要设置刚采集的媒体文件是否添加到素材库中。单击"确定"按钮，完成媒体文件的导入，如图 10-28 所示。

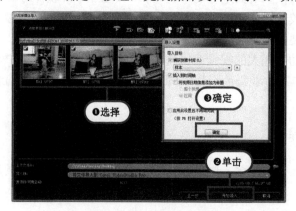

图 10-28　选择要导入的数字媒体

需要说明的是，捕获媒体文件环节是将其他设备的资源捕获到本地计算机中的过程，如果

200

用户使用的是 SD 卡之类的存储介质，则可直接将 SD 卡中的内容复制到本地计算机中，捕获媒体文件环节并不是必需的。

2. 编辑制作视频

假如本地计算机中已经有图像、视频和音频等媒体素材，如何对这些素材再加工呢？这里以完成"校园生活纪录片"为例，讲解编辑制作视频的过程。

1）准备工作。准备几段录制好的视频，以及必备的图像或音频素材。启动会声会影 X5，创建一个放本次纪录片要使用到素材的文件夹。在"库窗口"任意区域右击，在弹出的快捷菜单中选择其中的"插入媒体文件"选项，在弹出的对话框中选择预先准备好的视频、图像和音频等素材，将其添加到库中，如图 10-29 所示。

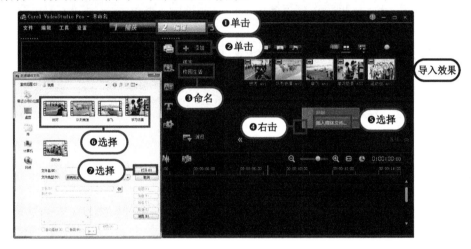

图 10-29　添加过素材的库窗口

2）选择"文件"→"新建项目"选项，创建一个新的项目。在库中选择一个满意的视频图标，将其拖动到时间轴的视频轨上，作为整个纪录片的片头，如图 10-30 所示。

3）在库窗口中，用户根据需要选择一个满意的标题动画，将其拖动到刚才视频轨上的图像上，如图 10-31 所示。

图 10-30　将图像放入视频轨

图 10-31　添加标题

4）双击"标题轨"中的标题动画，此时预览窗口中的标题处于可编辑状态，而且库窗口

也显示相应的属性设置选项，用户可以自定义其中的文字内容和相应的位置，如图 10-32 所示。在编辑过程中，可以通过预览窗口中的播放控制条，实时对影片进行预览。

5）返回存放媒体文件的界面。选择满意的一个视频片段，将其拖动到视频轨上，放置在图像的后面。

6）如果视频不满足实际需要，还可以进一步修整。在预览窗口中，通过放置修整标记的位置，来节选视频中的某一部分，如图 10-33 所示。

图 10-32　编辑标题

图 10-33　修整视频

7）按照步骤 5）和步骤 6）的操作方法，将其他视频依次放置在视频轨中。

8）进入如图 10-34 所示的转场动画界面。

9）选择满意的转场动画，将其拖动到视频轨内两段视频交界的地方。再次预览时可以发现，前一段视频过渡到后一段视频中间会有转场动画出现，避免了场景转换的唐突感。

10）在时间轴窗口中，右击某段视频，在弹出的快捷菜单中选择"静音"选项，则播放视频时没有声音出现。在库窗口中，选择满意的背景音乐，将其拖动到音频轨上，即可完成背景音乐的添加。

图 10-34　转场动画

按照之前所讲述的基本方法，用户根据需要可以制作满意的纪录片。

3. 输出视频文件

1）待影片制作完成后，要将其输出并保存。单击软件左上角的"分享"按钮，此时显示诸多分享选项，如图 10-35 所示。

2）单击"创建视频文件"按钮，将创建具有指定项目设置的项目视频文件。

① 单击"创建声音文件"按钮，软件将对此项目中的音频部分进行保存。

② 单击"创建光盘"按钮，软件调用 DVD 制作向导，并进行刻录。

图 10-35　输出视频文件

③ 单击"导出到移动设备"按钮，软件将编辑好的视频导出到其他外部设备中。

④ 单击"项目回放"按钮，软件将重新播放整个视频文件。

⑤ 单击"DV 录制"按钮，可以用 DV 摄像机将所选的视频文件录回到 DV 磁带上。

⑥ 单击"HDV 录制"按钮，可以用 HDV 摄像机将所选的视频文件录回到 DV 磁带上。

⑦ 单击"上传到网站"按钮，可以将编辑好的项目输出为 FLV 格式的文件，直接上传到网上和大家分享。

至此，会声会影 X5 最基本的操作方法已经讲述完毕。对于更为复杂的编辑技巧和功能，由于篇幅所限，这里不再赘述，有兴趣的读者可以查阅相关资料制作赏心悦目的影片。

 知识拓展

1. 数码摄像机的类型

目前市场上家用数码摄像机按照记录介质划分为硬盘摄像机、内存摄像机、磁带摄像机、光盘摄像机。这几种摄像机的操作功能和用途大同小异，只是在存储介质方面有所区别。

2. AVCHD 格式

AVCHD 是索尼与松下联合发表的高画质光碟压缩技术，该格式将现有 DVD 架构与一款基于 MPEG-4 AVC/H.264 先进压缩技术的编解码器整合在一起，在传统 DVD 格式和 H.264 压缩技术之间搭起了一座桥梁。

3. 720p 与 1080i

720p 与 1080i 都是国际认可的数字高清晰度电视标准。720 和 1080 表示的是垂直分辨率，其中 p 表示逐行扫描，i 表示隔行扫描。720p 是一种在逐行扫描下达到 1280×720 分辨率的显示格式，是数字电影成像技术和计算机技术的融合。就显示效果来说，720p 要好于 1080i。

4. Movie Maker Live

Movie Maker Live 是 Windows Vista 及以上版本附带的一个影视剪辑小软件（Windows XP 带有 Movie Maker）。

它功能比较简单，可以组合镜头、声音，加入镜头切换的特效，只要将镜头片段拖入即可，适合家用摄像后的一些小规模的处理。通过 Windows Movie Maker Live 可以简单明了地将家庭视频和照片转变为感人的家庭电影、音频剪辑或商业广告。

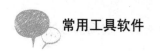

思考与练习

以"我的职校生活"为主题，制作自己的"微电影"。利用自己的手机，录制同学间生活学习的视频片断，然后根据学习的知识，对视频进行编辑，加上片头和转场效果。

模块学习效果评价表

学习效果评价表						
内　　容			评 定 等 级			
学 习 目 标		评 价 项 目	A	B	C	D
职业能力	能熟练使用暴风影音观看视频	能按需求观看视频				
		能对视频进行截屏和字幕载入				
		能对声音、字幕、画质进行简单调节				
	能熟练利用屏幕录像专家进行屏幕录像	能对屏幕和视频窗口进行录像，并制作简单的视频教程				
		能对录制好的视频做必要的格式转换				
		能对录制好的视频录像进行后期配音				
	能利用 PPLive 进行观看网络视频	能对在线视频进行点播				
		能观看直播的同步电视节目				
		能同时观看多个节目				
		能对自己喜欢或需要的视频进行查找和收藏				
	能通过会声会影对视频进行简单的编辑	能对视频文件进行捕获				
		能对视频文件进行添加片头、截取、转场等简单编辑				
		能将编辑好的视频短片导出为所需格式				
通用能力	交流表达能力					
	与人合作能力					
	沟通能力					
	组织能力					
	活动能力					
	解决问题的能力					
	自我提高的能力					
	革新、创新的能力					
综合评价						

音频信息处理

任务 11-1　海量网络音乐一点即播——酷我音乐盒

知识目标

1）通过本任务的学习，了解两种常见的音频格式，即 MP3 和 OGG 格式；
2）掌握酷我音乐盒软件中播放音频文件的基本方法和技巧，从而丰富学习生活。

能力目标

1）通过本任务的学习，掌握音频的播放、搜索及下载等基本操作；
2）学会使用酷我音乐盒观看网络 MV；
3）能够对酷我音乐盒的播放模式和皮肤进行必要的设置。

 任务描述

以前人们想看演唱会，要排队买票去现场观看。而现在坐在家里就可以欣赏到网络上各种

各样的 MV 和演唱会的视频。酷我音乐盒最早以其强大的 MV 功能而备受用户青睐，该软件是集音乐的发现、获取和欣赏于一体的一站式个性化音乐服务平台。它运用先进的技术，为用户提供实时更新的海量曲库、一点即播的速度、完美的音画质量和一流的 MV 服务。

本任务将带领大家学习酷我音乐盒软件的应用，使读者能够实时欣赏到最新的歌曲、MV，实现歌曲、MV 的快速搜索和随时下载。

 任务完成过程

本任务以酷我音乐盒 2012 为例进行讲解。

1．播放本地音乐

1）启动酷我音乐盒，酷我音乐盒主窗口如图 11-1 所示。

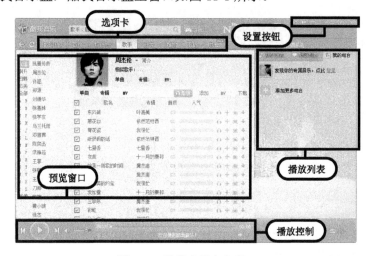

图 11-1　酷我音乐盒主窗口

2）音乐盒最右侧为播放列表，可看到"默认列表"，默认列表用于组织用户喜爱的歌曲与 MV，可以通过添加歌曲到默认列表来收藏喜欢的歌曲，不用下载这些歌曲即可在线收听。

3）在"默认列表"中单击"添加本地歌曲"链接即可将存储于计算机中的歌曲添加到播放列表中，如图 11-2 所示。

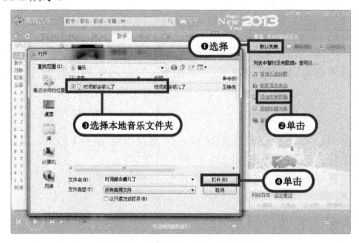

图 11-2　酷我音乐盒添加音乐

4）双击歌曲名称或单击软件下方播放控制区的"播放"按钮即可播放该歌曲。

2. 播放网络音乐

酷我音乐盒提供了多种音乐发现途径，这些途径包括音乐搜索、排行榜、歌手列表、分类搜索等酷我个性化推荐及播放列表。

1）音乐搜索。在"搜索"选项卡中的搜索文本框中直接输入想要的歌名、歌手名、专辑名或者歌词，此处输入"时间都去哪了"，然后单击"搜索"按钮，如图 11-3 所示。

2）搜索完毕后，所要找的歌曲就会出现在搜索文本框下方，如图 11-4 所示。另外，酷我音乐盒也支持拼音搜索和模糊搜索。

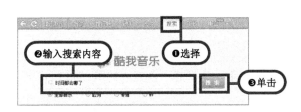

图 11-3　音乐搜索

图 11-4　搜索结果

3）选择"排行榜"、"分类"、"歌手"选项卡，也可以按不同分类进行音乐搜索。在"排行榜"选项卡中可以看到酷我音乐盒整理的近期各大排行榜；在"分类"选项卡中，音乐库呈现不同音乐类型，如热门、流派、语言、年龄、主题、曲风、摇滚、嘻哈说唱、爵士布鲁斯、R&B 等，满足不同人群的需要；在"歌手"选项卡中可轻松地找到喜爱的歌手的相关音乐资源。

4）搜索完成后，单击歌曲名称后的 🎧 按钮，即可试听歌曲。

3. 音乐的下载

使用酷我音乐盒不但可以在线欣赏音乐，还可以将音乐文件下载到本地进行收藏和保存，下载的具体操作如下。

1）下载单曲。在"排行榜"、"歌手列表"等选项卡中，找到需要下载的音乐资源，单击音乐名称右侧的"下载"按钮。在弹出的确认对话框中，选择品质和保存位置，单击"立即下载"按钮，音乐会下载到设置好的文件夹中，如图 11-5 所示。也可以在所需下载的资源上右击，在弹出的快捷菜单中选择"下载歌曲"选项。

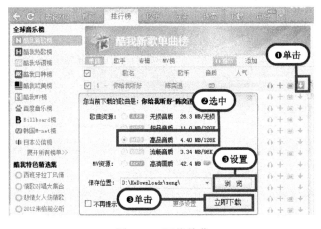

图 11-5　下载单曲

2）下载多个歌曲资源。可勾选所需下载的资源前方的复选框，然后单击"下载"按钮，即可将所选歌曲资源全部下载下来。

图 11-6　下载多个歌曲资源

3）歌曲资源下载完成之后，单击"最近下载"按钮可以找到下载完成的歌曲资源情况，如图 11-7 所示。

图 11-7　下载信息

4. 播放网络 MV

酷我音乐盒不仅可以播放本地计算机上的音乐文件，还可以收看网络上精美的 MV。

1）搜索 MV。在搜索栏中输入想要的 MV 的名称，选中"MV"单选按钮，即可找到需要的 MV，如图 11-8 所示。

2）搜索结果会以缩略图形式出现在预览窗口中，如图 11-9 所示。

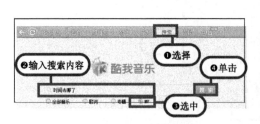

图 11-8　酷我音乐盒搜索 MV　　　　　　　　　图 11-9　搜索结果

3）单击缩略图，系统提示"已完成搜索，正在载入"信息，如图 11-10 所示。

4）经过一段时间的缓冲，系统会自动开始播放 MV，如图 11-11 所示。播放后的 MV 会自动添加到播放列表中，在播放时，可以直接单击"播放列表"中歌曲名称旁的 □ 按钮进行播放。

图 11-10　载入界面

图 11-11　MV 播放画面

5. 更改播放模式

使用酷我音乐盒，用户可以根据收听习惯，对歌曲的播放模式进行设置。

1）启动酷我音乐盒，选择"播放列表"选项卡，在下方的工具栏中单击"循环"按钮，在弹出的列表中选择播放模式，如"单曲循环"，如图 11-12 所示。

2）通过以上方法即可完成更改歌曲播放模式的操作，再次播放歌曲时即可按照"单曲循环"模式播放该歌曲。

6. 自定义皮肤

酷我音乐盒自带多种精美皮肤供用户下载使用，用户也可以自定义酷我音乐盒皮肤，使酷我音乐盒更加美观。

1）单击音乐盒右上角的"皮肤"按钮，如图 11-13 所示。

图 11-12　更改播放模式

图 11-13　"皮肤"按钮

2）弹出"更换皮肤"对话框，选择"我的皮肤"选项卡，在"皮肤预览"列表框中，单击"添加"按钮，弹出"打开"对话框，选择准备使用的皮肤图片，单击"打开"按钮。返回"更换皮肤"对话框，在"透明方案"选项组中拖动"播放列表"滑块，调整播放列表的透明程度，调整好后单击"关闭"按钮。

 知识拓展

1. 搜狗音乐盒

搜狗音乐盒是一款目前使用比较广泛的音乐播放软件，其功能丰富，集音乐推荐、搜索、下载、播放为一体。该软件可以收听众多流行音乐榜单、最新大碟、音乐专题等丰富内容，并轻松搜索所有网络歌曲，也可以实现音乐一键下载。

2. MP3 格式

MP3 格式指的是 MPEG 标准中的音频部分，也就是 MPEG 音频层。根据压缩质量和编码处理的不同分为三层，分别对应*.mp1/*.mp2/*.mp3 这三种声音文件。相同长度的音乐文件，用 MP3 格式来储存，一般只有 WAV 文件的 1/10，但音质要次于 CD 格式或 WAV 格式的声音文件。由于 MP3 文件尺寸小，音质好，所以它问世之初几乎没有音频格式可以与之媲美。直到现在，这种格式仍然是主流音频格式。

3. OGG 格式

随着 MP3 播放器的流行，MP3 播放器的品牌和厂家越来越多，竞争也越来越激烈，许多上游 MP3 播放器厂商纷纷寻找出路。在众多的新格式当中，OGG 以其免费、开源等优势，赢得了 MP3 播放器厂商的青睐。OGG 是一个庞大的多媒体开发计划的项目名称，将涉及视频音频等方面的编码开发。OGG 一个很出众的特点是支持多声道。随着它的流行，以后用播放器来播放 DTS 编码的多声道作品将不会是梦想。

4. MV

MV 是"音乐电视作品"的意思，是一种视觉文化，是建立在音乐、歌曲结构上的流动视觉。MV 的提法是近几年开始的，人们感觉"MTV"范畴有一些狭窄，因为"音乐电视"并非只局限在电视上，还可以单独发行影碟，或者通过手机、网络的方式发布，所以就采用 MV 来表示。

 思考与练习

利用酷我音乐盒下载五首自己喜欢的歌曲，并创建一个"我的音乐"播放列表存放这五首歌曲，最后播放歌曲。

任务 11-2　歌词编辑自由自在——百度音乐

 知识目标

1）通过本任务的学习，了解两种常见的音频格式，即 WAV 和 CD 格式；
2）掌握使用百度音乐盒自由欣赏音乐的一般方法和技巧。

能力目标

1）通过本任务的学习，掌握运用百度音乐盒进行音频的添加、播放、搜索及下载等操作；
2）能够对百度音乐盒进行简单的管理和设置；
3）学会对音乐进行歌词添加、歌词修改等操作。

任务描述

人们在欣赏歌曲的同时，往往希望能够跟着歌词同步哼唱。现在网络资源比较丰富，一般的歌曲都可找到对应的歌词，但是如果遇到找不到的歌词，就需要用户自行编辑了，有没有一款简单快捷的编辑歌词的软件呢？

百度音乐盒最早以其强大的歌词编辑能力而受到广大使用者的欢迎。作为一款资深的音频播放器，其音乐播放功能可谓强大且全面，满足了人们对于音乐的基本需求。本任务将带领大家利用百度音乐盒实现歌曲的播放与下载，以及歌词的同步显示与编辑。

任务完成过程

本任务以百度音乐盒 2013 为例进行讲解。

1. 播放歌曲

1）启动百度音乐盒。首次启动会进入网络歌曲浏览界面，如图 11-14 所示。单击右上角的"关闭"按钮，进入百度音乐盒的操作界面，如图 11-15 所示。

图 11-14　网络歌曲浏览界面

图 11-15　百度音乐盒操作界面

2）添加本地音乐。单击播放列表的"本地音乐"按钮，在弹出的下拉列表中选择"添加文件"选项，如图 11-16 所示。

3）弹出"打开"对话框，在文件夹列表中找到要播放的音乐文件，单击"打开"按钮，音乐文件会添加到音乐文件列表中。

4）双击歌曲名称可以播放该歌曲。另外，也可以在歌曲名称处右击，在弹出的快捷菜单中选择"播放"选项，或者选中需要播放的歌曲，单击上方的"播放"按钮，开始播放音乐。

2. 搜索并播放歌曲

1）在搜索栏中输入歌曲名或歌手名，此处输入"时间都去哪了"，单击"搜索"按钮，如图 11-17 所示。

图 11-16　添加本地音乐　　　　　　　　　图 11-17　百度音乐盒歌曲搜索

2）选中喜欢的歌曲，单击歌曲列表上方的"添加"按钮或歌曲后面的"添加"按钮，将喜欢的歌曲添加到播放列表中，如图 11-18 所示。

3）双击歌曲名称，开始在线播放歌曲。用户也可以勾选所需下载资源前方的复选框，然后单击歌曲列表上方的"下载"按钮，将所选歌曲资源全部下载下来，然后进行播放。

3. 歌词编辑

百度音乐盒提供了强大的歌词编辑功能，可以手动为喜欢的歌曲添加歌词，具体步骤如下。

1）单击"歌词"按钮，弹出"歌词秀"窗口，如图 11-19 所示。

图 11-18　百度音乐盒添加歌曲　　　　　　图 11-19　百度音乐盒"歌词秀"窗口

2）创建"记事本"文档，输入歌词，如图 11-20 所示。

3）在"歌词秀"窗口中右击，在弹出的快捷菜单中选择"编辑歌词"选项，如图 11-21 所示。

4）单击歌词编辑工具栏中的"播放"按钮播放歌曲，在每一句开始前单击歌词编辑工具栏中的 按钮，如图 11-22 所示。

5）将歌词复制到对应的时间标签后，如图 11-22 所示。

6）单击歌词编辑工具栏中的"保存"按钮。

7）单击歌词编辑工具栏中的"返回歌词秀"按钮，重新播放歌曲，刚才编辑好的歌词会随之出现，如图 11-23 所示。

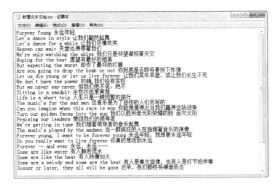

图 11-20　记事本文档编辑歌词

图 11-21　歌词设置菜单

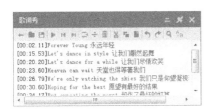

图 11-22　复制歌词

图 11-23　歌词编辑成功

4. 桌面歌词

很多用户喜欢一边听并哼唱自己喜欢的歌曲一边网上冲浪，可是网页常常挡住了歌词，这对于记不住歌词的用户而言，是一个极大的困扰。百度音乐盒针对这一困扰提供了"桌面歌词"功能，可自动显示播放曲目的歌词信息，方便用户使用。

1）单击百度音乐盒主界面中的"歌词"按钮，如图 11-24 所示。

2）弹出"歌词秀"窗口，如图 11-25 所示。

图 11-24　启动歌词秀

图 11-25　"歌词秀"窗口

3）在"歌词秀"窗口单击鼠标右键，在弹出的菜单中选择"显示桌面歌词"。这时歌词就会始终出现在当前工作页面的前面。如图 11-26 所示。

4）若要回到"歌词秀"窗口模式，可以在"桌面歌词"上右击，在弹出的快捷菜单中选择"返回窗口模式"选项，如图 11-27 所示。

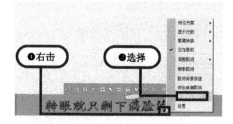

图 11-26　设置显示桌面歌词　　　　　　　　图 11-27　设置窗口模式

至此，百度音乐盒的常用功能已介绍完毕。对于其他功能，这里由于篇幅限制此处不再赘述，希望读者在今后的使用过程中自己摸索实践。

 知识拓展

1. 酷狗音乐盒

酷狗音乐盒是一款很受欢迎的音乐下载、歌词编辑、免费播放软件，其功能强大，可自动下载歌曲、在线播放，支持播放多种格式的音乐，并带有音乐搜索功能。

2. WAV 格式

WAV 格式是一种较老的音频文件格式，由微软公司开发研制。在 Windows 平台下，基于 PCM 编码的 WAV 是被支持的最好的音频格式，所有音频软件都能完美支持，由于其本身可以达到较高的音质的要求，因此，WAV 也是音乐编辑创作的首选格式，适合保存音乐素材。因此，基于 PCM 编码的 WAV 被作为一种中介格式，常常使用在其他编码的相互转换中，如 MP3 转换成 WMA。

3. CD 格式

在大多数播放软件的"打开文件类型"中，都可以看到 CDA 格式，这就是 CD 音轨。标准 CD 格式的采样频率为 44.1kHz，速率 88kb/s，16 位量化位数。CD 音轨可以说是近似无损的，因此它的声音基本上是忠于原声的。一个 CD 音频文件是一个 CDA 文件，这只是一个索引信息，并不真正包含声音信息，所以不论 CD 音乐的多长，CDA 文件都只有 44 字节。

 思考与练习

利用百度音乐盒下载一首喜欢的歌曲并为其添加歌词，歌词添加完成后请播放歌曲并按照进度对歌词进行调整。

任务 11-3 音频视频格式转换——超级转换秀

 知识目标

1）通过本任务的学习，了解两种常见的音频格式，即 WMA 和 APE 格式；
2）掌握运用超级转换秀进行音频、视频文件转换和截取的方法。

能力目标

1）通过本任务的学习，熟练掌握音频文件格式转换和截取的基本操作；
2）能够对视频文件进行转换和截取。

 任务描述

从事音频编辑的用户有时需要对文件格式进行必要的转换，或者将现有的音频进行截取或拼接，一款简单易操作的音频编辑软件，成为用户急切的需求。

超级转换秀是国内首款集音频转换、音视频混合转换、视频转换、叠加视频水印、叠加滚动字幕、叠加视频相框等于一体的优秀影音转换软件。由于诸多算法的改进，使得新版本在视频画面质量、音视频 CPU 速度优化、音视频系统资源利用率以及稳定性上进行了更大幅度的提升，几乎可以满足用户所有的转换需求。

任务完成过程

本任务以超级转换秀 V43.3 为例，讲解该软件的使用方法。

1．启动

正确安装超级转换秀后，双击桌面快捷图标即可启动该软件，其主界面如图 11-28 所示。从图中可以看出其功能分区明显，界面更加人性化，操作十分方便。

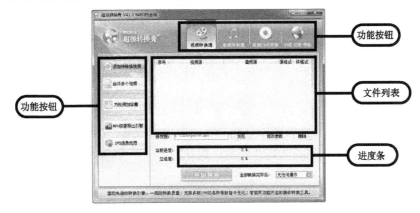

图 11-28 超级转换秀主界面

2. 音频格式转换与截取

1）启动软件后，在软件主界面顶部单击"音频转换通"按钮。

2）在左侧的功能按钮区域中单击"添加待转换音频"按钮。在其弹出的二级菜单中选择相应的添加方式，这里以转换一个音频文件为例，选择"添加一个音频文件"选项。

3）在弹出的对话框中，选择需要进行转换的音频文件，然后单击"打开"按钮，此时弹出如图 11-29 所示的"设置待转换的音频参数"对话框。在此对话框中，可以对导出音频进行详细质量参数设置。用户只需在顶部"转换后的格式"下拉列表中，选择需要导出的音频格式即可。

4）设置完成后单击"下一步"按钮，弹出如图 11-30 所示的"截取分割音质"对话框。在此对话框中，选中"按时间截取单段音频"单选按钮，然后在下方"音频源"设置区域中，输入对应的开始时间和结束时间；选中"自动切割音频"单选按钮，然后在"将音频分为"文本框中输入分段数即可将音频直接分割为多个小音频。

图 11-29　设置待转换的音频参数

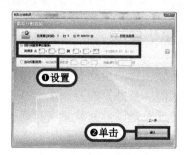

图 11-30　截取分割音频

5）待所有设置完成后，单击"确认"按钮，返回主界面，并将音频文件罗列在文件列表中。

6）设置保存路径，单击"开始转换"按钮，即可将源格式转换为目标格式的文件。

3. 视频格式转换

1）启动软件，在软件主界面顶部单击"视频转换通"按钮。

2）在左侧的功能按钮区域中单击"添加待转换视频"按钮，并选择相应的选项。这里以转换一个视频文件为例，故选择"添加一个视频文件"选项。

3）这时弹出对话框，提示用户选择一个待转换的视频文件。选择文件后，单击"打开"按钮，此时弹出如图 11-31 所示的"设置待转换的视频参数"对话框。

4）在此对话框中，用户只需在顶部"转换后的格式"下拉列表中，选择需要导出的视频格式即可。当用户选择不同的导出格式时，下方的参数选项组中的参数会相应被激活，用户可以对导出视频进行详细的参数设置。

5）设置完成后，单击"下一步"按钮，弹出"其他功能设置"对话框，由于这里暂时对视频不做任何截取或分割，故保持默认设置不变，单击"确认"按钮。

6）返回主界面，并将视频文件罗列在文件列表中。在软件主界面中，单击"浏览"按钮，在弹出的对话框中选择视频输出的保存位置。

7）单击"开始转换"按钮，经过一段时间的文件转换，源视频格式可以转换为目标视频格式。

4. 视频截取

利用该功能用户可以方便地截取某一视频文件中的一段并保存为各种视频格式。具体操作步骤如下。

1）按照之前讲解的添加视频的方法，添加一个待分割的视频。

2）在弹出的"设置待转换的视频参数"对话框中设置待导出的视频格式和质量参数，单击"下一步"按钮。

3）弹出如图 11-32 所示的"其他功能设置"对话框。

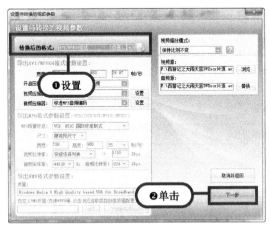
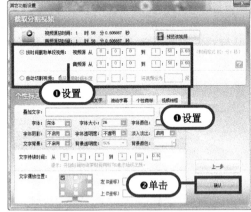

图 11-31　设置待转换的视频参数　　　　图 11-32　"其他功能设置"对话框

4）在"截取分割视频"选项组中选中"按时间截取单段视频"单选按钮，然后在下方"视频源"和"音频源"选项组中，输入对应的开始时间和结束时间即可将视频中的某个部分截取转换出来；选中"自动切割视频"单选按钮，然后在"将视频分为"文本框中输入分段数即可将视频直接分割为多个小视频。

5）设置完成后，单击"确认"按钮，返回主界面。单击"开始转换"按钮，经过一段时间的操作，当前视频即可被分割为多段视频。

至此，超级转换秀常用功能已介绍完毕。对于其他的诸如合并多个视频、合并多个音频；在视频上进行水印添加、个性图片添加、文字添加、滚动字幕添加等附加功能，这里由于篇幅限制不再赘述，希望读者在今后的使用过程中自己摸索实践。

 知识拓展

1. 全能音频转换器

全能音频转换器支持目前所有流行的音频、视频文件格式转换，能将其文件格式转换成 MP3、WAV、AAC、WMA、AMR 音频文件。该软件能从视频文件中提取出音频文件，并支持批量转换。典型的应用有 WAV 转换为 MP3，MP3 转换为 WMA，WAV 转换为 WMA，RM/RMVB 转换为 MP3，AVI 转换为 MP3，RM/RMVB 转换为 WMA 等。

2. APE 格式

APE 是流行的数字音乐文件格式之一。与 MP3 这类有损压缩方式不同，APE 是一种无损压缩音频技术，也就是说当用户将从音频 CD 上读取的音频数据文件压缩成 APE 格式后，

用户还可以再将 APE 格式的文件还原，而还原后的音频文件与压缩前一模一样，没有任何损失。APE 文件大小大概为 CD 的一半。随着宽带的普及，APE 格式受到了许多音乐爱好者的喜爱，特别是对于希望通过网络传输音频 CD 的用户来说，APE 可以帮助他们节约大量的资源。

 思考与练习

从网络上下载一段喜欢的视频和音频文件，利用超级转换秀软件对下载的视频和音频进行格式转换。

模块学习效果评价表

学习效果评价表						
	内 容		评定等级			
	学习目标	评价项目	A	B	C	D
职业能力	能熟练掌握使用酷我音乐盒播放音频的一般操作方法	能按需求添加、播放本地音频文件				
		能搜索、下载、播放网络音频文件				
		能搜索、下载、播放网络 MV				
		能设置播放模式，更改播放器皮肤				
	能熟练掌握使用百度音乐盒播放音频的一般操作方法	能够添加、播放、搜索及下载音频文件				
		能够对百度音乐盒进行简单的设置				
		能够为音乐添加、修改、编辑歌词				
	能通过超级转换秀软件对音频文件进行编辑和转换	能够对音频文件进行转换和截取				
		会对视频文件进行转换和截取				
通用能力	交流表达能力					
	与人合作能力					
	沟通能力					
	组织能力					
	活动能力					
	解决问题的能力					
	自我提高的能力					
	革新、创新的能力					
综合评价						

网络生活工具

知识目标

➢ 通过本模块的学习，了解基于网络平台的常用工具软件的相关知识；
➢ 掌握生活中常用的购物、购票、转账、道路查找等工具的使用方法和技巧，达到自主适应现代网络化生活的需要，符合移动互联网时代综合素质的要求。

能力目标

➢ 掌握网络订票的流程及支付方式，能够自主进行网上订票；
➢ 掌握网上购物的流程，能够自主进行网上购物、付款、追踪等操作；
➢ 能够利用网上银行自主进行交易；
➢ 能够利用电子地图进行路线查找、交通工具选择等。

任务 12-1 网络订票——"携程网"和"去哪儿网"

知识目标

1）通过本任务的学习，了解网络订票平台的相关知识；
2）掌握网络订票的流程，能够自主完成网络订票。

能力目标

1）通过本任务的学习，能够自主在网上预订机票或火车票；
2）能够为预订的机票或火车票进行费用支付；
3）能够对生成的订单进行基本的管理。

任务描述

传统的购票方式一般是去售票点排队购票，或者提前打电话预订，但是到春运高峰期让人十分头疼。

网上订票与传统的购票方式最大的不同就在于不需要现场排队，只要鼠标轻轻一点，足不出户就能知道所要前往的线路是否还有余票。网上订票省时省力，已成为不少人的首选。本任务将讲解如何在网上预订机票或火车票、支付费用、订单管理等具体操作。

任务完成过程

"携程网"和"去哪儿网"是国内目前较为知名的两家网站，它们利用信息技术，有效整合了国内外航空公司和酒店的资源，同时提供飞机票、火车票查询和预订服务，建立了一个全国性飞机票、火车票和酒店预订平台，为用户的出行提供了服务。

1．"携程网"机票的预订

在地址栏中输入"携程网"网址，进入"携程网"首页，如图 12-1 所示。首页上显示了"酒店"、"机票"、"火车"等标签供用户选择，下面以预订一张 2014 年 4 月 25 日由大连往返西安的机票为例进行讲解。

1）单击"机票"标签，选择需要预订的机票范围为"国内机票"，进入"国内航班查询"界面，在"航程类型"中选中"往返"单选按钮，在各信息栏中正确填写相应信息，单击"搜索"按钮，查询需要的航班信息，如图 12-2 所示。

图 12-1 "携程网"首页　　　　　　　　图 12-2 国内机票查询

2）系统出现所有航班信息后，可以利用上方的几个筛选项目："起飞时间"、"航空公司"、"计划机型"对信息进行筛选，也可以将航班信息按照"时间"或"价格"进行排序后再筛选。筛选出的航班信息如图 12-3 所示。用户在需要的航班信息后单击"预订"按钮，开始预订机票。

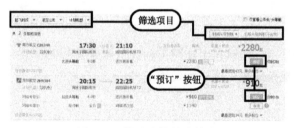

图 12-3 筛选出的航班信息

3）在确认机票信息无误后，准确填写"乘机人信息"、"联系信息"并选择报销凭证的配送方式。单击"下一步，核对"按钮，如图 12-4 所示。

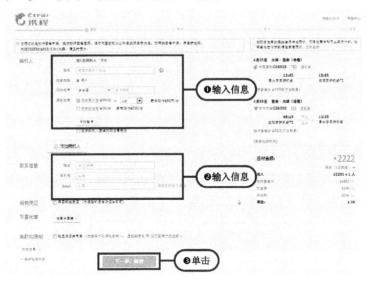

图 12-4　信息填写及确认

4）单击"下一步，核对"按钮后，进入核对预订单信息界面，确认航班、配送、退改签等信息无误后，单击"下一步，支付"按钮，选择支付方式并详细填写相关内容即可完成机票的预订。

2. "去哪儿网"火车票的预订

"去哪儿网"的机票的预订过程与"携程网"类似，这里不再赘述。这里主要介绍"去哪儿网"的火车票预订功能。下面以预订一张 2014 年 4 月 1 日由大连开往北京的动车车票为例进行讲解。

1）在地址栏中输入"去哪儿网"网址，进入"去哪儿网"首页，首页同样提供了"机票"、"酒店"、"门票"、"火车票"等可供选择的功能标签，如图 12-5 所示。

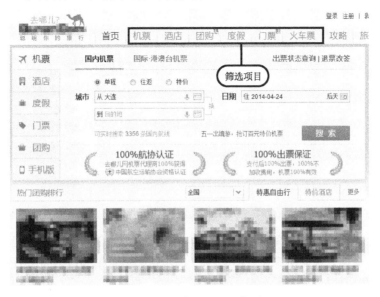

图 12-5　"去哪儿网"首页

2）单击"火车票"标签，进入火车票查询页面；去哪儿网提供了三种查询方式，即站站搜索、车站搜索、车次搜索，用户可以根据需要进行选择，这里我们选择"站站搜索"，在提供的项目中填写相应的信息后单击"搜索"按钮进行查询，如图 12-6 所示。

图 12-6　"去哪儿网"火车票查询

3）去哪儿网会筛选出所有满足条件的列车信息，同时为用户提供多个筛选项目，如"车次类型"、"发车时间"等。这里勾选"D-动车组"复选框。用户可以根据需要选择合适的车次，选择好合适的车次后单击"买票"按钮，如图 12-7 所示。

图 12-7　筛选出的车次信息

4）这时去哪儿网会向用户提供经过其审核的代理商信息及报价，用户可以自行选择代理商，这里我们选择"动车网"，然后单击"买票"按钮进行购买，如图 12-8 所示。

图 12-8　代理商信息

5）进入火车票预订页面，填写购票信息后，单击"确认无误，购买"按钮，如图 12-9 所示。

6）进入支付页面，选择用户需要的支付方式并详细填写相关内容即可完成火车票的预订。火车票预订成功后，如果该火车票在预售期内，去哪儿网会在第一时间短信内告知用户是否预订成功。如果在预售期外，则会在进入预售期后的第一时间通知用户是否预订成功。

图 12-9　火车票预订页面

3. 订单管理

在"携程网"和"去哪儿网"等正规订票网站上预订机票或火车票时，通常可以注册成为其会员，并以会员的身份购买，也可以不注册，直接购买。当用户注册成为会员后，每购买一次火车票或机票等产品就会生成一张订单。用户可以登录后查询这些订单，也可以对这些订单进行管理，购买机票或火车票时，在没有出票前通常可以取消订单或查询订单的进度，但用户需要注意，对于已经出票的订单是不能取消的，只能退票，退票的损失由用户自己承担。

 知识拓展

1. 中国铁路客户服务中心网站

中国铁路客户服务中心网站是铁路服务客户的重要窗口，集成了全路客货运输信息，为社会和铁路客户提供了客货运输业务和公共信息查询服务。客户通过登录本网站，可以查询旅客列车时刻表、票价、列车正晚点、车票余票、代售点、货物运价、车辆技术参数以及有关客货运的规章。在车票预售期内且有剩余车票的情况下，旅客能够自行挑选乘车日期、车次、席别，购买儿童票、学生票、残疾武士或伤残人民警察优待票、残疾人专用票等。

2. 网上购票的历史

因特网技术的飞速发展为民航带来了全新的售票方式。1994 年 10 月，美国联合航空公司率先推出了网上售票系统，乘客只需在网上输入自己的信用卡号和有效期，就可以直接购买机票。截至 1997 年 9 月底，世界上排名前 20 位的航空公司都有自己的网上售票系统。1999 年 9 月，中国南方航空公司的网上订票系统正式启动；1999 年 10 月，中国东方航空公司也正式开

通了网上购票系统；2011 年，中国火车票网上售票系统正式启动。

 思考与练习

1．选择"携程网"，并注册成为其会员，预订一张从北京到海口的火车票，根据自己的实际情况可以不支付。

2．选择"去哪儿网"，并注册成为其会员，预订一张从上海到长春的机票，根据自己的实际情况可以不支付。

任务 12-2　网上购物——淘宝天猫

 知识目标

1）通过本任务的学习，了解淘宝网、天猫、聚划算等阿里巴巴旗下购物平台以及时下流行的其他购物平台的经营范围和主要特色；

2）掌握"淘宝网"网上购物的一般流程，能自主完成网上购物。

 能力目标

1）通过本任务的学习，能够自主在网络中进行物品的选择和购买；

2）能够完成注册账户、支付费用等操作；

3）能够对购买的物品进行物流跟踪、收货评价等。

 任务描述

现代生活节奏的加快，使得人们想要一种快捷便利的生活方式，不出家门就可以轻松购物。互联网时代的到来，使人类的这种畅想成为可能。网上购物，就是通过互联网来查询商品信息，并通过电子订购单发出购物请求，厂商通过邮购的方式发货，或通过快递公司送货给客户。

"淘宝网"是中国深受欢迎的网络零售平台之一，它在很大程度上改变了传统的生产方式，也改变了人们的生活消费方式。"天猫"原名"淘宝商城"，是一个综合性购物网站，整合了数千家品牌商、生产商，为商家和消费者之间提供一站式解决方案。本任务将介绍"淘宝网"购物之旅。

 任务完成过程

在"淘宝网"上进行购物，主要分为下面几个步骤：

1．账户注册

1）在地址栏中键入"淘宝网"网址，进入"淘宝网"的首页，如图 12-10 所示。

2）单击任务栏左侧的"免费注册"按钮，进入会员注册页面。

3）按照提示填写各项信息后单击"同意协议并注册"按钮，也可以使用手机按照提示发送短信进行快速注册，如图 12-11 所示。

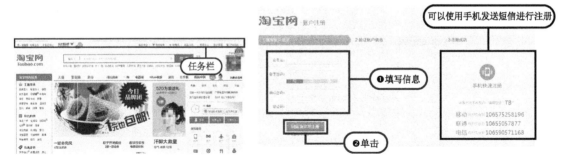

图 12-10　淘宝网首页　　　　　　　　　图 12-11　"淘宝网"注册账户

4）对填写的账户信息进行验证，验证时需要输入用户的手机号码，单击"提交"按钮，如图 12-12 所示。此时系统会自动向用户的手机发送校验码短信。

图 12-12　输入用户的手机号码

5）进入"验证用户信息"页面，按照短信输入校验码进行验证，单击"提交"按钮。注册成功，进入"注册成功"页面。

6）注册成功后，用户可以使用注册的用户名和密码单击淘宝网首页左上角的"亲，请登录"按钮进行登录。登录后网页左上角会显示用户登录名。

2. 激活支付宝账户

国内的网上购物，一般付款方式是款到发货，用户通过在线支付或银行转账的方式进行支付，但是这样的支付方式存在一定的风险。因此淘宝网等购物网站通常提供了第三方支付平台，以确保用户在线支付的安全性，淘宝网账户只有绑定了支付宝账户才能够进行付款操作。

1）用户登录后，单击任务栏的"我的淘宝"标签，进入"我的淘宝"页面。

2）单击"账户设置"标签，再单击左侧"支付宝绑定设置"标签，进入支付宝激活页面。

3）按照提示填写用户信息，单击"确定"按钮即可完成支付宝的激活。

3. 挑选宝贝

1）在搜索栏输入宝贝的关键字，这里输入"面包机"，单击"搜索"按钮，如图 12-13 所示。用户可以从搜索的信息中选择适合自己的链接，同时淘宝网提供了商品服务的分类，用户可以根据商品的类别来选择合适的宝贝。

2）搜索后系统会将符合条件的宝贝全部显示出来，页面上方会提供一些筛选设置，用户可以进一步进行筛选，如图 12-14 所示。用户可以根据需要和对比选择需要的宝贝。

图 12-13　淘宝网搜索

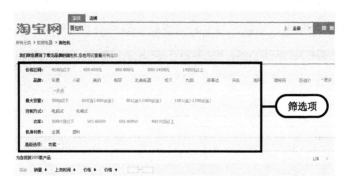

图 12-14　设置筛选

3）设置"450 元以下"等筛选信息后，符合条件的宝贝会显示出来，如图 12-15 所示。

图 12-15　筛选后的宝贝

4. 拍下宝贝

1）单击选中的宝贝，可以查看宝贝的详细信息。

2）设置"颜色"，"数量"等信息后，单击"立即购买"按钮就可以购买该宝贝，如图 12-16 所示。如果还想购买其他宝贝，可以单击"加入购物车"按钮，然后搜索其他的宝贝即可。

3）在订单信息页面中，首次购买用户需要填写收货地址，填写过的地址会保存在用户的账户信息中，用户可以直接选择。确认"数量"、"价格"、"运费"等其他信息，无误后单击"提交订单"按钮，如图 12-17 所示。

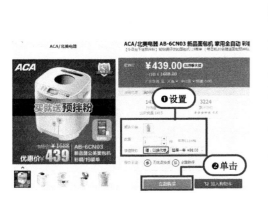

图 12-16　淘宝网购买商品

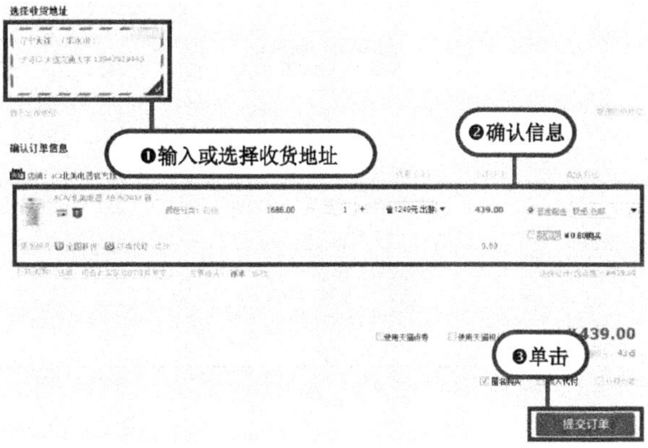

图 12-17　提交订单

5．付款

1）进入支付宝购物平台，选择合适的付款方式，此处选择"中国建设银行"，单击"下一步"按钮，如图 12-18 所示。

2）输入支付宝的支付密码，单击"确定"按钮，将货款支付到支付宝，由支付宝代为保管，如图 12-19 所示。

图 12-18　淘宝网付款方式

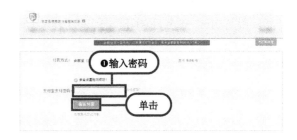

图 12-19　付款

6．收货和评价

1）收到宝贝后选择首页任务栏中"我的淘宝"标签的"已买到的宝贝"选项，如图 12-20所示。

2）在已买到的宝贝页面中，单击宝贝预览图像右侧的"确认收货"按钮，如图 12-21 所示。

图 12-20　查看已买到的宝贝

图 12-21　确认收货

3）在支付页面中，输入支付宝的支付密码，单击"确定"按钮，支付宝会将货款支付给商家。

4）付款成功后，单击"评价按钮"，可对本次交易进行评价。

至此，关于淘宝网购物的基本流程已经讲解完毕，这里由于篇幅限制不再介绍其他功能，希望读者在今后的使用过程中自己摸索实践。

 知识拓展

1. 聚划算

聚划算是阿里巴巴集团旗下的团购网站，聚划算是一种全新的促销方式，由淘宝网官方开发平台，也是一种网站策划人员的销售手段。它包括下面几个频道：聚定制、品牌团、整点聚、聚名品、聚家装、生活汇，满足了不同人群的购物需求。

2. 京东商城

京东商城是中国最大的自营式电商企业，在线销售计算机、手机及其他数码产品、家电、汽车配件、服装与鞋类、奢侈品、家居与家庭用品、化妆品与其他个人护理用品、食品与营养品、书籍与其他媒体产品、母婴用品与玩具、体育与健身器材以及虚拟商品等十三大类 3150 万种优质商品。截至 2021 年 3 月 31 日，京东过去 12 个月的活跃购买用户数近 5 亿，较 2020 年第一季度末大幅净增了 1.12 亿，京东以其仓储和物流保障，成为目前深受消费者信赖的网络购物平台。

3. 易讯网

易迅网是依托著名的 IT 产品通路商——上海电子商务发展有限公司而创立的新一代专业电子商务消费服务网站。易迅网利用强大的全球化集约采购优势、丰富的电子商务管理服务经验和最先进的互联网技术为用户提供最新、最好的电子产品、数码通信、家居家电、汽车用品、服饰鞋类等商品。

4. 当当网

当当网是国内领先的 B2C 网上商城，由国内著名出版机构科文公司、美国老虎基金、美国 IDG 集团、卢森堡剑桥集团、亚洲创业投资基金（原名软银中国创业基金）共同投资成立。当当网成立于 1999 年 11 月，以图书零售起家，已发展成为在线销售图书音像、服装、孕婴童、家居、美妆和 3C 数码等几十个大类的网上商城。

5. 亚马逊

亚马逊公司是美国最大的一家网络电子商务公司，是网络中最早开始经营电子商务的公司之一。亚马逊成立于 1995 年，开始只经营网络的书籍，现在则扩展到范围相当广的全新、翻新及二手商品，受国内网络购物平台的迅速发展影响，该平台已经淡出中国市场。

思考与练习

注册成为淘宝会员，选择一款喜欢的商品并购买。

任务 12-3　网上银行——中国工商银行网上银行自助服务

 知识目标

1）通过本任务的学习，了解网上银行和手机银行的基本知识；
2）掌握网上银行的基本功能，具有自主处理网银支付的能力。

能力目标

1）通过本任务的学习，能够自主完成网上银行的注册和登录；
2）能够灵活运用网上银行自主服务系统提供的服务；
3）能够利用网上银行进行简单的缴费支付等操作。

 任务描述

随着电子银行的发展，现已能够在网上进行话费、有线电视费的缴纳，能足不出户在网上办理账户查询、转账汇款、投资理财、在线支付等金融服务，为我们的生活节省了更多的时间。个人网上银行为用户提供了全新的网上银行服务，其高度安全、高度个性化的服务，受到越来越多年轻人的喜爱。

本任务主要通过工商银行网上银行的自助服务功能的讲解，使读者了解网上银行的注册、登录和缴费的操作方法。

 任务完成过程

1. 网上银行的注册

网上银行的注册有下面两种方法：柜面注册，携带本人有效身份证件和申请注册的银行卡/账户到开户行当地任意网点进行注册，并申请口令卡、U 盾或密码器；自助注册，在中国工商银行开立本地工银财富卡、理财金账户、工银灵通卡、牡丹信用卡、活期存折等账户且信誉良好的个人客户，均可申请成为个人网上银行注册客户。可以通过登录中国工商银行门户网站"www.icbc.com.cn"；自助注册网上银行，但自助注册的用户不能办理其他对外转账支付业务。

自主注册网上银行的具体步骤如下。

1）在地址栏中输入"工商银行"网址，进入中国工商银行网上银行的网站。

2）单击首页左侧"个人网上银行登录"按钮下方的"注册"按钮，如图12-22所示。

3）阅读"网上自助注册须知"后单击"注册个人网上银行"按钮，如图12-23所示。

图12-22　中国工商银行网上银行注册

图12-23　中国工商银行网上银行注册须知

4）根据提示填写相应的信息，单击"提交"按钮，如图12-24所示。

5）继续按照提示填写信息，并设置登录密码。登录密码与账户密码不同，可以选择字母加数字的组合。

6）确认填写的信息无误，单击"确定"按钮，即可完成网上银行的自主注册。

2. 网上银行的登录

1）单击首页左侧的"个人网上银行登录"按钮。

2）按照提示填写信息，注意此处填写的密码是设置的登录密码，填写完毕后单击"登录"按钮，如图12-25所示。首次登录时需安装系统提示的"网银助手"等。

图12-24　注册信息填写

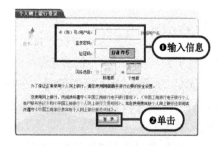

图12-25　网上银行登录

3）进入网上银行"欢迎"页面，中国工商银行网上银行系统为用户提供了多种支付、转账、理财等服务，用户可以根据需要选择合适的服务，如图12-26所示。

图12-26　欢迎页面

3. 网上缴费

下面我们来利用网上银行办理手机话费的缴费业务，具体步骤如下。

1）单击网上银行提供的服务栏中的"缴费站"按钮。

2）单击页面左侧的"我要缴费"按钮，可以从下方给出的缴费类型中选择需要的项目进行缴费；也可以通过查询找到需要的缴费项目，查询时需填写省市信息，并从缴费类型下拉列表中选择合适的缴费类型，单击"查询"按钮，如图 12-27 所示。

图 12-27　缴费项目查询

3）找到需要的缴费项目，这里找到的是手机缴费项目。仔细阅读"缴费项目说明"，单击"缴费"按钮，如图 12-28 所示。

4）按照提示输入手机号码，单击"提交"按钮，如图 12-29 所示。

图 12-28　缴费项目查询结果

图 12-29　话费缴费（一）

5）输入缴费的金额，单击"提交"按钮，如图 12-30 所示。

图 12-30　话费缴费（二）

6）确认缴费信息，输入 U 盾或密码器的密码，单击"提交"按钮，即可完成此次缴费。

 知识拓展

1. 手机银行

手机银行也称为移动银行，利用移动通信网络及终端办理相关银行业务。作为一种结合了货币电子化与移动通信的崭新服务，手机银行业务不仅可以使人们在任何时间、任何地点处理多种金融业务，还极大地丰富了银行服务的内涵，使银行能以便利、高效而又较为安全的方式为客户提供传统和创新的服务。

2．电话银行

电话银行是近年来国外日益兴起的一种高新技术，它是实现银行现代化经营与管理的基础，它通过电话这种现代化的通信工具把用户与银行紧密相连，使用户不必去银行，无论何时何地，只要拨通电话银行的电话号码，就能够得到电话银行提供的往来交易查询、申请技术、利率查询等服务。

　思考与练习

选择一家合适的银行开通网上银行，并利用网上银行办理一次缴费或其他业务（如果已办理好银行卡，则也可以尝试自主注册网上银行）。

任务 12-4　道路指南——百度地图

　知识目标

1）通过本任务的学习，了解电子地图和 GPS 导航的基本知识；
2）掌握百度地图的使用方法，能够自主运用百度地图为出行服务。

　能力目标

1）通过本任务的学习，能够自主进行公交、驾车等路线的规划和设置；
2）能够对百度地图进行缩放、移动、全屏、截图等操作；
3）会运用百度地图中的全景地图和卫星地图功能。

　任务描述

当我们来到一个陌生城市时，出行就成了一个棘手的问题。去某地需要坐公交车还是地铁，坐几路车，坐到哪一站，这些都需要了解，但是哪怕在一个城市居住了很多年，也很难对每一条线路都了如指掌。

百度地图是百度提供的一项网络地图搜索服务，覆盖了国内近 400 个城市、数千个区县。在百度地图里，用户可以查询街道、商场、楼盘的地理位置，也可以找到离自己最近的所有餐馆、学校、银行、公园等。另外，百度地图提供了丰富的公交换乘、地铁线路、驾车导航等查询功能，为用户提供了最适合的路线规划。

　任务完成过程

1．百度地图的打开
1）在地址栏中输入"百度"网址，进入百度的首页。
2）在首页上方提供的搜索标签中找到"地图"，单击即进入百度地图首页，如图 12-31

所示。

2. 设置当前城市

百度地图能够自动将用户当前所处的城市设置为默认城市，如果当前所处城市并非用户想查询的城市，则可以通过下面两种方法进行修改。

1）在搜索栏中直接输入需要的城市名称，按"Enter"键或单击"百度一下"按钮，如图 12-32 所示。

图 12-31　百度地图的打开　　　　　　图 12-32　百度地图城市搜索

2）单击地图区域左上角的城市名称，在下拉列表中选择需要的城市，或输入城市名称，单击"确定"按钮，地图区域就会自动跳转到设置的城市，如图 12-33 所示。

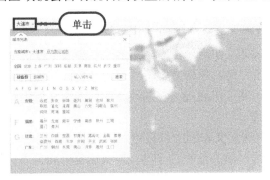

图 12-33　百度地图城市设置

3. 地点搜索

百度地图提供了"普通搜索"、"周边搜索"和"视野内搜索"三种方法，帮助用户迅速准确地找到所需要的地点。

1）普通搜索。在搜索框处于"搜索"状态时，输入要查询地点的名称或地址，单击"百度一下"按钮，即可得到想要的结果，如图 12-34 所示。

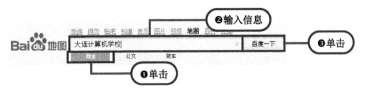

图 12-34　百度地图普通搜索

2）周边搜索。单击地图区域的搜索结果，在弹出的对话框中，单击"在附近找"按钮，如图 12-35 所示，单击或输入要查找的内容即可看到结果。还可以在地图上右击，弹出快捷菜单，选择"在此点附近找"选项，快速发起搜索，地图右侧显示搜索结果和距离，也可以在结果页

常用工具软件

更换距离或更改要查询的内容。

3）视野内搜索。单击屏幕右上角的"视野内搜索"按钮，选择或输入要查找的内容，在当前的屏幕范围内，结果将直接展现在地图上，如图 12-36 所示。单击图标将打开气泡，显示更为丰富的信息。随着缩放移动地图，搜索结果会即时更新。

图 12-35　百度地图周边搜索

图 12-36　百度地图视野内搜索

4．公交搜索

百度地图提供了"公交方案查询"、"公交线路查询"和"地铁专题"三种途径，满足生活中的公交出行需求。

1）公交方案查询。单击"公交"按钮，并在输入文本框中输入起点和终点，单击"百度一下"按钮进行查询，如图 12-37 所示。右侧文字区域会显示精确计算出的公交方案，包括公交和地铁。最多显示 10 条方案，单击方案将展开，可查看详细描述。上方有"较快捷"、"少换乘"和"少步行"三种策略可供选择。左侧地图标明方案具体的路线，其中绿色的线条表示步行路线，蓝色为公交路线。

2）公交线路查询。在搜索文本框中直接输入公交线路的名称，即可查询到对应的公交线路。右侧文字区域显示该线路所有途径的车站，以及运营时间、票价等信息，左侧地图则将该线路在地图上完整地描绘出来。

3）地铁专题。单击百度地图首页"地铁"按钮，即可进入百度地图专为喜欢乘坐地铁的用户提供的便捷的地铁专题页，如图 12-38 所示。可以直接浏览各个开通地铁的城市的地铁规划，快速地查询地铁换乘方案，并且获知精确的票价、换乘时间、距离等信息。

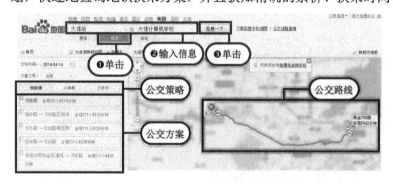

图 12-37　百度地图公交方案查询

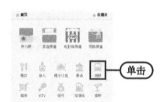

图 12-38　百度地图地铁查询

5．驾车搜索

百度地图也提供驾车方案查询（包含跨城市驾车），并且能添加途经点，是用户自驾出行的指南针。

1）驾车方案查询。驾车方案的查询方法类似于公交方案的查询方法。在搜索文本框中直接输入起点和终点，单击"百度一下"按钮，如图 12-39 所示。右侧文字区域会显示精确计算出的驾车方案，下方有"最少时间"、"最短路程"和"少走高速"三种策略可供选择，左侧地图则标明该方案具体的行车路线。

2）添加途经点。将鼠标指针移至地图上的驾车线路，会出现一个可供拖动的途经点，将鼠标指针拖动至需要经过的道路并松开，更新的驾车方案将通过用户选择的道路。

图 12-39　百度地图驾车搜索

6．**移动和缩放地图**

1）移动地图。可以使用鼠标拖动地图，使用键盘的方向键"↑"、"↓"、"←"、"→"移动地图，或者通过地图左上方的四个方向按钮完成此操作。

2）缩放地图。可以通过双击放大地图，也可以使用鼠标滚轮放大或缩小地图，还可以使用"+"、"–"键，或者地图左上方的滑块及按钮完成此操作，如图 12-40 所示。

7．**全屏和截图**

1）全屏。单击地图右上角的"全屏"按钮，即可进入全屏状态，再次单击退出全屏或按"Esc"键退出。

2）截图。选择地图右上角的"工具"→"截图"选项，在地图上拖动出截图框，单击完成，在新窗口中预览截图效果，将图片保存至本地计算机，单击结束本次截图，如图 12-41 所示。

图 12-40　百度地图移动和缩放

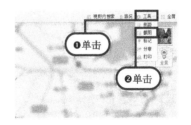

图 12-41　百度地图全屏和截图

8．**路况**

单击地图右上角的"路况"按钮，即可显示当前城市的实时路况，还可进入流量预测模式，查看路况预报，提前为出行做好准备，一路畅通无阻。

9. 卫星地图和全景地图

在使用百度地图服务时，除普通的"全景地图"功能之外，还提供了"卫星地图"按钮和"全景地图"按钮。用户单击"卫星地图"按钮可将当前地图显示为"三维模式"。通过单击"全景地图"按钮，可以显示当前任意地点的真实图片，如图 12-42 所示。

图 12-42　百度地图的卫星地图和全景地图功能

 知识拓展

1. GPS

GPS（Global Positioning System，全球定位系统）是利用定位卫星，在全球范围内实时进行定位、导航的系统。GPS 的基本原理是测量出已知位置的卫星到用户接收机之间的距离，然后综合多颗卫星的数据即可知道接收机的具体位置。要达到这一目的，卫星的位置可以根据星载时钟所记录的时间在卫星星历中查出。GPS 必须具备 GPS 终端、传输网络和监控平台三个要素。

2. Google 地球

Google 地球是一款 Google 公司开发的虚拟地球仪软件，它把卫星照片、航空照片和 GIS 布置在一个地球的三维模型上。Google 地球于 2005 年向全球推出，被"PC 世界杂志"评为 2005 年全球 100 种最佳新产品之一。用户可以通过一个下载到自己计算机上的客户端软件，免费浏览全球各地的高清晰度卫星图片。Google 地球分为免费版与专业版两种。

 思考与练习

假设你来到浙江省杭州市旅游，请利用百度地图快速查找到从"萧山机场"到"西湖景区"的公交和地铁线路，并从中选择路程最短的线路。

模块学习效果评价表

学习效果评价表						
	内　容			评定等级		
	学 习 目 标	评 价 项 目	A	B	C	D
职业能力	能熟练掌握"携程网"和"去哪儿网"网上订票的流程	能够进行网上机票或火车票的预订				
		能够为预订的机票或火车票进行费用支付				
		能够对生成的订单进行管理操作				
职业能力	能熟练掌握淘宝网网上购物的一般流程	能够在网上进行物品的选择和购买				
		能够完成账户的注册、费用的支付				
		能够对购买的物品进行物流的跟踪、收货评价				
	能利用网上银行自主服务系统进行基本操作	能够完成网上银行的注册和登录				
		能够运用网上银行进行查询				
		能够利用网上银行进行简单的缴费支付				
	能熟练掌握百度地图的常用功能,为出行服务	能够进行公交、地铁、驾车等路线的规划和设置				
		能够对百度地图进行缩放、移动、全屏、截图				
		能够运用百度地图中的全景地图和卫星地图功能				
通用能力	交流表达能力					
	与人合作能力					
	沟通能力					
	组织能力					
	活动能力					
	解决问题的能力					
	自我提高的能力					
	革新、创新的能力					
综合评价						

反侵权盗版声明

　　电子工业出版社依法对本作品享有专有出版权。任何未经权利人书面许可，复制、销售或通过信息网络传播本作品的行为；歪曲、篡改、剽窃本作品的行为，均违反《中华人民共和国著作权法》，其行为人应承担相应的民事责任和行政责任，构成犯罪的，将被依法追究刑事责任。

　　为了维护市场秩序，保护权利人的合法权益，我社将依法查处和打击侵权盗版的单位和个人。欢迎社会各界人士积极举报侵权盗版行为，本社将奖励举报有功人员，并保证举报人的信息不被泄露。

举报电话：（010）88254396；（010）88258888

传　　真：（010）88254397

E-mail：　dbqq@phei.com.cn

通信地址：北京市万寿路 173 信箱

　　　　　电子工业出版社总编办公室

邮　　编：100036